FORSCHUNGSBERICHT DES LANDES NORDRHEIN-WESTFALEN

Nr. 3088 / Fachgruppe Hüttenwesen/Werkstoffkunde

Herausgegeben vom Minister für Wissenschaft und Forschung

Prof. Dr.-Ing. Klaus W. Lange

Institut für Eisenhüttenkunde
der Rhein.-Westf. Techn. Hochschule Aachen

Physikalische und chemische Einflüsse beim Stoffübergang im Sauerstoffaufblasverfahren

Westdeutscher Verlag 1982

CIP-Kurztitelaufnahme der Deutschen Bibliothek

Lange, Klaus W.:
Physikalische und chemische Einflüsse beim Stoffübergang im Sauerstoffaufblasverfahren / Klaus W. Lange. - Opladen : Westdeutscher Verlag, 1981.

(Forschungsberichte des Landes Nordrhein-Westfalen ; Nr. 3088 : Fachgruppe Hüttenwesen, Werkstoffkunde)
ISBN-13: 978-3-531-03088-3 e-ISBN-13: 978-3-322-87692-8
DOI: 10.1007/978-3-322-87692-8
NE: Nordrhein-Westfalen: Forschungsberichte des Landes ...

Herstellung: Westdeutscher Verlag

Lengericher Handelsdruckerei, 4540 Lengerich

ISBN-13: 978-3-531-03088-3

Inhalt

1. Einführung

Der größte Prozentsatz der Stahlproduktion geschieht in sehr vielen Ländern nach dem Sauerstoffaufblasverfahren (vgl. Bild 1) [1]. Bei ihm werden flüssiges Roheisen, Schrott und schlackenbildende Zuschläge in einem oben offenen Gefäß mit einem Überschallsauerstoffstrahl beaufschlagt. Die Eisenbegleiter verbrennen und verschlacken. Das auffallendste Kriterium ist die Schnelligkeit der Stahlherstellung: In etwa 1/2 h sind 3oo t Stahl fertig; von dieser Zeit beträgt die reine Blaszeit etwa ein Drittel. Dementsprechend hoch ist das Erzeugungspotential.

Um Stahl mit reproduzierbarer und bester Qualität so wirtschaftlich wie möglich herstellen zu können, ist ein Verständnis der im Konverter ablaufenden Vorgänge notwendig. Die Kinetik und die Mechanismen der Reaktionen im Konverter sind jedoch ziemlich kompliziert. Die physikalischen Vorgänge können grundsätzlich nicht von den chemischen Reaktionen getrennt werden, da sie sich gegenseitig beeinflussen und voneinander abhängen. Ein vollkommenes Verständnis von dem, was im Konverter geschieht, ist derzeit noch nicht vorhanden. Nachstehend wird eine Abschätzung dessen versucht, was bis jetzt bekannt ist. Beobachtungen in und an Betriebskonvertern zeigen, daß die tatsächlichen Verhältnisse erheblich komplizierter sind als Modelluntersuchungen gelegentlich glauben lassen. Daher wird in der Hauptsache auf Betriebsdaten zurückgegriffen, soweit es sie gibt. Ergebnisse von Laboruntersuchungen werden nur gelegentlich angeführt und zwar dann, wenn mit ihnen besondere Punkte verdeutlicht werden können.

2. Strahl

2.1 Lanze und Düsen

Eines der schnellsten, dynamischen und daher wichtigsten Mittel für die Steuerung der Vorgänge in einem von oben mit Sauerstoff beaufschlagten Konverter ist der Sauerstoffstrom, der in Form von Gasstrahlen aus Düsen in den Konverter geblasen wird. Daher wird als erstes eine Betrachtung der Erzeugung eines Sauerstoffstrahls durch Düsen und des Strahlverhaltens notwendig.

Eine Düse hat mindestens vier Funktionen zu erfüllen: Sie muß eine gewünschte Sauerstoffmenge liefern, sie stellt für den Strahl den einzigen festen Punkt dar, sie muß den Sauerstoff auf das Bad richten und einen Sauerstoffstrahl erzeugen, der in seiner

Umgebung solange existieren kann, bis er die von ihm gewünschten Aufgaben erfüllt hat. Diese Aufgaben bestehen darin, den Sauerstoff dorthin zu bringen, wo er für die Frischreaktionen gebraucht wird, günstige Bedingungen für einen möglichst schnellen Stoff- und Wärmeübergang zu schaffen und für die notwendige Baddurchmischung zu sorgen. Die Forderung nach maximaler Strahlbeständigkeit bei vorgegebenen Werten für Sauerstoffvordruck und -strömungsgeschwindigkeit verlangt einen maximalen dynamischen Druck des Sauerstoffs nach Verlassen der Düse und eine nicht zu rasche Strahlverbreiterung, die die Impulsstromdichte im Strahl vermindern würde. Der maximale dynamische Strahldruck wird erzielt, wenn der Sauerstoff beim Verlassen der Düse einen Druck $p_{Ausgang} = p_{Umg.}$ hat, wobei $p_{Umg.}$ für den Druck der Umgebung um den Düsenausgang steht. Obwohl ein höherer dynamischer Druck mit $p_{Ausgang}$ kleiner als $p_{Umg.}$ erzielt werden könnte, führen die durch dieses Druckungleichgewicht hervorgerufenen Schockwellen zu einem niedrigeren, effektiven dynamischen Druck kurz nach dem Düsendurchtritt.

Die Frage stellt sich nun, wie die oben erwähnte Druckgleichheit erreicht werden kann. Das erste Problem besteht darin, daß $p_{Umg.}$ und seine Änderungen während einer Schmelze im Aufblaskonverter noch nicht bekannt sind: Der Druck im Konverter kann durch das Abgassystem beeinflußt werden, das Über- oder Unterdruck erzeugen kann. Übermäßiger Anfall von CO, hochsteigende Emulsionen, Dispersionen oder Schaumschlacken, in die die Lanze eintaucht, können den Druck der Strahlumgebung ändern. Das zweite Problem besteht darin, daß nur Gleichungen zur Strahlberechnung zur Verfügung stehen, die unter Voraussetzungen abgeleitet wurden, die in einer typischen Sauerstofflanze nicht erfüllt sind. Trotzdem entspricht der Sauerstoffstrom aus einer einigermaßen gut ausgelegten Düse recht gut den Vorausberechnungen. Diese Gleichungen und ihre Ableitung aus den physikalischen Grundprinzipien können beispielsweise in [2-6] gefunden werden. Es wird an dieser Stelle vermerkt, daß die Endgleichungen in den verschiedenen Schrifttumsquellen nicht alle gleich sind.

Der für kleine Roheisenmassen benötigte Frischsauerstoff kann durch eine Einlochlanze eingeblasen werden, bei größeren Roheisengewichten muß die Sauerstoffmenge entsprechend erhöht werden. Mit einer Einlochlanze müßte dann die Blaszeit verlängert werden, weil bei kurzen Blaszeiten (und größeren O_2-Mengen) der Strahl zu hart würde und zu übermäßigem Metallverspritzen führte. Die Lösung dieses Problems brachte die Verwendung von Mehrlochlanzen, die eine gleichmäßigere Verteilung des Sauerstoffs über einen größeren Badbereich erlauben. Als Hauptvorteile von Mehrlochlanzen werden angeführt: Erhöhtes Stahlausbringen, bessere Sauerstoffnutzung, weniger Ansatzbildung und Überlaufen, ruhiger Blasverlauf trotz höherer spezifischer Sauerstoffangebote. Der Hauptnachteil ist darin zu sehen, daß die Lanzenspitze näher ans Bad gebracht werden muß, was ihre zuverlässige Kühlung erforderlich macht.

Dank der Mehrlochlanzen wurde die Blaszeit praktisch unabhängig von der Konvertergröße.

2.2 Strahlverhalten

Das Verhalten eines Sauerstoffstrahls nach dem Verlassen der Düse ist wegen der unbestimmten Natur der Strahlumgebung im Konverter nicht genau bekannt. Die Strahlumgebung ist zwar bei Blasbeginn ein Gemisch von heißem CO und eingeströmter Luft, das jedoch bald von dem hochsteigenden Schlackenschaum verdrängt wird, der die Lanze dann umgibt. Im allgemeinen stammen unsere Kenntnisse über das Strahlverhalten aus Untersuchungen an freien Strahlen, die in eine Gasumgebung ausströmen.

Im Strahl werden Potentialkern, Überschallkern und Unterschallbereich unterschieden. Unter dem Ende des Potentialkerns versteht man den Ort, an dem die Sauerstoffgeschwindigkeit in der Strahlachse unter die Austrittsgeschwindigkeit fällt[6]; am Ende des Überschallkerns ist die Kerngeschwindigkeit auf die Schallgeschwindigkeit abgesunken[5]. Anscheinend muß unter den Bedingungen der Praxis der Überschallkern den (aktuellen) Badspiegel erreichen, um ein ausreichendes Eindringen in das Bad sicherzustellen[3]. Da aber die Länge des Überschallkerns durch das Verhältnis der Strahl- und Umgebungsdichten beeinflußt wird und da dieses Verhältnis vom Blasfortschritt abhängt, ist der genaue Zustand des auf das Bad treffenden Strahls derzeit noch unbekannt.

Während der Potentialkern keinen Stoff mit der Umgebung austauscht, wird in Strahlbereiche außerhalb dieses Kerns Stoff eingetragen. Da der Impulsstrom im Strahl konstant ist und da der Gesamt-Massenstrom mit der Entfernung wächst, muß die mittlere Geschwindigkeit abnehmen. Diese Abnahme, die auch die örtliche

Geschwindigkeit in der Strahlachse (Strahlzerfall) betrifft, und die Zunahme des Strahldurchmessers (Strahlausdehnung) sind charakteristische Größen eines Strahls[5]. Beide werden stark durch die Dichten des Strahls und seiner Umgebung beeinflußt (Bilder 2 und 3 [6]). Von Untersuchungen an Freistrahlen aus Einlochdüsen wurde ein erheblicher Einfluß der Umgebung auf den Strahlzerfall, aber nur ein geringer auf den Strahlbreitungswinkel berichtet[7]. Mit zunehmender Entfernung von der Düse wird die Strahldichte sich der Umgebungsdichte annähern, daher bezieht sich in beiden Bildern das Dichteverhältnis $\varrho_r = \varrho_e/\varrho_a = \varrho_{Ausgang}/\varrho_{Umg.}$ auf die Dichte des Gasstrahls am Düsenmund. Ein kalter, in ein heißes Konvertergas gerichteter Strahl führt zu einem Dichteverhältnis $\varrho_r > 1$. Dieser Strahl wird deshalb langsamer zerfallen und weniger rasch breiter werden. In einer schäumenden Schlacke voller Metalltropfen ist $\varrho_a \gg \varrho_e$, und das Dichteverhältnis müßte viel kleiner als eins sein, wodurch der Strahl rasch zerfallen und breiten müßte, wenn man sicher sein könnte, daß diese Schlacke auch die Strahlumgebung bildet und nicht ein Kanal von ausströmendem CO-Gas, das in der Strahlauftreffstelle gebildet wird. Bei der Erörterung des tatsächlichen Betrages des Dichteverhältnisses muß auch die Erhöhung der Strahldichte durch (eingesaugte oder beigegebene) Partikel berücksichtigt werden.

Die radiale Geschwindigkeitsverteilung unterhalb des Potentialkerns kann durch die Gauß'sche Fehlerfunktion beschrieben werden[2-4,8,9].

Der Impulsstrom innerhalb des Strahls ist konstant und entspricht einer Kraft, die wirksam wird, sobald der Strahl irgendwo auftrifft. Dieser dynamische, dann durch den Strahl ausgeübte Druck ist dem Quadrat der entsprechenden Gasgeschwindigkeit proportional.

Das Verhalten von Strahlen aus einer Mehrloch-Düse wird - zusätzlich zu den Variablen einer Einlochdüse - durch die Zahl n der Löcher, den Neigungswinkel der Düsenachse gegen die Lanzenachse, die Abstände und die Anordnung der Löcher beeinflußt.

Gasstrahlen aus Mehrlochdüsen werden gewöhnlich mit Strahlen aus Einlochdüsen verglichen, deren Querschnitt der Summe der Lochquerschnitte der Mehrlochdüse entspricht. Für gleichen Vordruck beträgt in gleichem Abstand von der Düse der Zentraldruck im Teilstrahl nur den n-ten Teil des Zentraldrucks des entsprechenden Einlochstrahls. Der Impuls im Teilstrahl erreicht nur den n-ten Teil des Gesamtimpulses. Die Gesamtgasmenge in den n Teilstrahlen ist $n^{1/2}$ mal größer als im entsprechenden Einlochstrahl. Dieser enthält die gleiche Gasmenge erst in einem Abstand, der $n^{1/2}$ mal größer ist. Für die letzte Aussage gibt Smith[5] einen Exponenten von o,44 an.

Im allgemeinen bleibt der Teilstrahl aus jeder Bohrung der Mehrlochdüse hinter der Düse zunächst erhalten. Bei Neigungswinkeln unter 18° geht durch Injektorwirkung der Teilstrahlen aufeinander das Einzelstrahlverhalten in größeren Abständen von der Düse verloren. Von einer Vereinigung der Teilstrahlen zu einem Gesamtstrahl wird gesprochen, wenn die Zentralgeschwindigkeit im Gesamtstrahl der maximalen Geschwindigkeit in den Teilstrahlen gleich ist.

Mit wachsender Zahl der Löcher einer Lanze verringert sich der Lanzenabstand rasch, bei dem hartes Blasen in weiches übergeht[1o]. Bei mehr als 12 Löchern vereinigten sich alle Strahlen etwa 6 bis 7 Düsendurchmesser unterhalb der Lanzenspitze. Die Eisenoxidkonzentration in der Schlacke ist hoch (bis zu 38 %) und Metall kann durch Überlaufen verloren gehen[11].

Neben der Daumenregel von 17o bis 2oo m^3 Sauerstoff unter Normalbedingungen pro Düse[6] scheint es nur eine Veröffentlichung[12] zu geben, in der die Berechnung der optimalen Löcherzahl versucht wurde. Diese Zahl ergibt sich nach Division des Gesamtsauerstoffstroms durch den erlaubten Strom durch eine Düse. Den erlaubten Strom je Düse erhält man aus einer empirischen Formel

$$H' = o,85 \cdot q_{O_2}^{o,428}$$

die aus den Daten von 73 Konvertern abgeleitet wurde und die Abhängigkeit der Arbeitshöhe (H' in m) des Konverters über dem ruhenden Bad von dem Sauerstoffstrom (q_{O_2} in m^3/min) für eine Düse beschreibt.

Bei einer Drei- oder Vierlochlanze liegt das Geschwindigkeitsmaximum nicht in der Lanzenachse und der Auftreffdruck ändert sich über dem Querschnitt beträchtlich, wie es beispielsweise im Schrifttum[11,13-16] und in Bild 4 [14] gezeigt wird. Mit einem Zentralloch ist es möglich, die höchste Geschwindigkeit in der Lanzenachse zu erzeugen, wie es Bild 5 [14] für eine

Vierlochdüse mit verschiedenen R-Beträgen zeigt. R steht für das Verhältnis der zentralen zu den äußeren Düsendurchmessern. Wenn R größer als eins ist, liegt die höchste Geschwindigkeit in der Lanzenachse und ein zweiter Höchstwert in Richtung der Achse des äußeren Loches. Für R kleiner als eins wird eine Geschwindigkeitsverteilung erreicht, die der der Dreilochlanze aus Bild 4 ähnelt. Bei R = o,27 weist die Vierlochdüse die gleiche Höchstgeschwindigkeit wie die Düse ohne Zentralloch auf, das Maximum ist jedoch aus der Lanzenachse herausgerückt. Außerdem gibt es einen zweiten Geschwindigkeitshöchstwert in der Lanzenachse, und der Strahlauftreffbereich ist um etwa 16 % größer. Da der Strahlauftreffbereich ohne Abnahme der Höchstgeschwindigkeit vergrößert werden konnte, war es möglich, die Kalkauflösung ohne Verminderung der Produktivität zu verbessern[14].

In einer russischen Veröffentlichung[11] hielt man es für möglich, durch einen im Vergleich zu den äußeren Lochdurchmessern viel größeren Mittellochdurchmesser und einen harten Strahlkern in der Mitte bei weichblasender Peripherie die Härte eines Einlochstrahls für die Entkohlung mit den günstigen Blasbedingungen einer Mehrlochlanze für die Kalkauflösung zu kombinieren. Für eine Siebenlochlanze, bei der die Hälfte des Sauerstoffs durch das Mittelloch und die zweite Hälfte durch die sechs äußeren Löcher mit einem Düsenwinkel von 15° gegen die Vertikale strömten, fand man, daß die Düse zwar keine höhere Entkohlungsgeschwindigkeit erzielte, daß aber die Schlacke schneller und besser gebildet wurde.

Der Neigungswinkel der Düsenachse gegen die Lanzenachse hat einen großen Einfluß auf das Strahlverhalten. Da sich für eine gewisse Strecke hinter jeder Düse ein Einzelstrahl ausbildet, versucht auch er, die Umgebung einzuziehen. Die Strahlbereiche nahe der Lanzenachse saugen aus dem gleichen Mittelgebiet an, dadurch werden Tendenzen geschaffen, den Druck in diesem Gebiet zu reduzieren und die Strahlen aufeinanderzu zu bewegen. Die Tendenz wächst mit abnehmendem Düsenanstellwinkel, abnehmenden Abständen zwischen den einzelnen Strahlen oder wachsenden Strahllängen[14]. Mit größer werdenden Düsenanstellwinkeln nehmen die achsialen Geschwindigkeiten der einzelnen Strahlen schneller ab und die Strahlen breiten schneller, weil die Strahlen sich eher wie Einzelstrahlen verhalten, die mehr Masse aus der Umgebung aufnehmen[13]. Dementsprechend werden Geschwindigkeitsabfall und Strahlbreitung größer, mit der Konsequenz, daß der Strahlinhalt einer größeren Auftrefffläche "weicher" angeboten wird. Es ist zu vermuten, daß eng benachbarte und sich gegenseitig einsaugende Teilstrahlen keine vergleichbare Massenaufnahme aus der "Nichtstrahl"-Umgebung erzielen. Um Einzelstrahlen zu erhalten, müssen die Düsenanstellwinkel zwischen 15° [15] und 18° [2] liegen. Mehrlochlanzen in den Stahlwerken weisen meistens Winkel zwischen 1o bis 12° auf. Größere Anstellwinkel verringern die Eindringwirkung des Strahls und bringen den Auftreffbereich näher an die feuerfeste Ausmauerung. Daher wurden für die Optimierung des Futterverschleisses, der metallurgischen Ergebnisse und der Überschäumverminderung leicht koaleszierende Strahlen vorgeschlagen und Anstellwinkel zwischen 9,5 und 1o° sowie zwischen 12 und 15,5° für Drei- sowie Vierlochlanzen für vorgegebene Stahlwerksbedingungen[15,17] empfohlen. Lanzen mit Düsen mit mehr als vier Löchern und großen Anstellwinkeln (16°) erfordern Baddurchmesser/Badhöhen-Verhältnisse von 3,6 bis 4 (flaches Bad), um den großen Auftreffbereich voll auszunutzen und die Randzonen des Metallbades an der Ausmauerung in die allgemeine Badbewegung miteinzubeziehen[14]. Bei Dreilochlanzen und Anstellwinkeln von 1o° wird ein "Tiefes Bad"-Verhältnis von 2,5 bevorzugt[14], um Totzonen im Metall in Konverterwand- und -bodennähe möglichst klein zu halten. Aufgrund von Modellversuchen, auch an Heißmodellen, mit Zweilochlanzen werden Empfehlungen für den Düsenanstellwinkel von Mehrlochlanzen gegeben[18]: Für n = 3, 4 oder 5 soll dieser Winkel 1o, 12 bis 13 oder 15° betragen. Für n größer 5 sind noch keine sicheren Empfehlungen möglich.

Ein wachsender Abstand zwischen den Düsenachsen vermindert die Strahlkoaleszenz[14]. Die gleiche Wirkung erzielt zwar auch ein wachsender Anstellwinkel; während jedoch ein wachsender Lochabstand praktisch keinen Einfluß auf die maximale Strahlgeschwindigkeit hat, sinkt diese Geschwindigkeit ungefähr hyperbolisch mit steigendem Anstellwinkel. Die Entfernung von der Lanzenachse bis zum Ort des Gasstrahlgeschwindigkeitsmaximums wird weniger durch den Lochabstand beeinflußt als durch den Anstellwinkel[14]. Ein typischer Lochabstand zwischen dem Mittelpunkt des Düsenausgangs und der Lanzenachse beträgt einen Düsendurchmesser für viele Dreilochlanzen der Praxis[5].

Die Koaleszenz von Mehrloch-Strahlen wächst auch bei einer Reduzierung des Sauerstoff-Vordrucks, da die Länge des Überschallkerns kürzer wird. Dadurch wächst der Gesamtwinkel, um den der Strahl sich breitet[16]. Koaleszierende Strahlen erzeugen gewöhnlich einen Strahl mit kleineren Höchstgeschwindigkeiten in der Strahlachse und einen Auftreffbereich in der Konvertermitte. Die Entfernungen der Höchstgeschwindigkeiten von der Lanzenachse werden kleiner.

2.3 Schockwellen

sind Flächen diskontinuierlich sich verändernder Eigenschaften des Strahles im Überschallbereich, nachdem der Strahl die Düse verlassen hat. Sie sind selbst in einer genau ausgelegten Lavaldüse unvermeidbar; hier bleibt der Randschock, in der Hauptsache weil die auseinanderstrebende Strömung irgendwie parallel gemacht werden muß[6]. Wenn der Druck $p_{Ausgang}$ beim Düsenaustritt ungleich dem Umgebungsdruck $p_{Umg.}$ ist, werden Schockwellen erzeugt entweder durch Überexpansion ($p_{Ausgang}$ kleiner als $p_{Umg.}$ oder der tatsächliche Sauerstoffvordruck p_o ist kleiner als der Auslegevordruck, der dem Verhältnis $A_{Ausgang}/A^*$ der Düsenquerschnitte am Austritt und an der engsten Stelle entspricht) oder Unterexpansion ($p_{Ausgang}$ ist größer als $p_{Umg.}$ oder der tatsächliche Vordruck ist größer als der Auslegevordruck: Die Düse wird "überdreht") des Gases in der Düse, d.h. das Verhältnis $A_{Ausgang}/A^*$ der Düsenquerschnitte am Austritt und an der engsten Stelle ist zu groß oder zu klein für das Verhältnis $p_{Umg.}/p_o$ der gerade herrschenden Umgebungs- und Sauerstoffvordrucke. Beim Verlassen der Düse zieht sich ein überexpandierter Strahl zusammen, ein unterexpandierter Strahl dehnt sich aus. Wenn der Gasstrom durch eine Schockwelle geht, nehmen Druck, Temperatur und Dichte des Gases zu, seine Geschwindigkeit wird jedoch kleiner.

Bei großen Abweichungen von den Auslegedaten werden kräftige Schockwellen mit entpsrechend großen Verlusten an kinetischer Energie erzeugt[4], der Gasstrahl wird bereits kurz hinter der Düse ein Unterschallstrahl, der Überschallkern wird viel kürzer [19]. Ein Überdrehen der Düse verstärkt die Verbreiterung des Düsenaustrittquerschnittes durch Erosion[5]. Solche Veränderungen führen zum Flattern des Strahls, so daß sein dynamischer Druck vermindert wird, was zu übermäßiger Eisenverschlackung und schlechter Entkohlung führt[20].

2.4 Einfluß von Partikeln im Gasstrahl

Die Bewegung kleiner schwebender Teilchen im Strahl entspricht im allgemeinen der des Strahls, ihre Geschwindigkeiten sind der örtlichen Strahlgeschwindigkeit praktisch gleich. Schwerere Beimengungen setzen die Schallgeschwindigkeit des strömenden Mediums herab, so daß bei gleicher Strahlströmungsgeschwindigkeit entsprechend der Masse der Beimengungen die Machzahl ansteigt. Da Strahlen, die Teilchen enthalten, ihre Geschwindigkeit langsamer abbauen, dringen sie beim Auftreffen tiefer ein.

Eingesaugte Festpartikel werden beschleunigt. Nach der Anfangsbewegung verlaufen die Partikelbahnen geradlinig, wenn eine kritische Frequenz nicht überschritten wird[21]. Die dispergierten Partikeln bleiben in den äußeren Zonen des Strahls. Sie prallen mit anderen, noch nicht beschleunigten Teilen zusammen, wobei zur Zerkleinerung ausreichende Stoßgeschwindigkeiten vorkommen. Blasen werden leicht zerschlagen. Die Eindringtiefe der Partikeln in den Strahl hängt von ihrer anfänglichen Quergeschwindigkeit ab. Die Eindringtiefe bestimmt die Geschwindigkeit, auf die die dispergierten Partikeln beschleunigt werden, und damit die Stoßgeschwindigkeit. Die erreichten Partikelgeschwindigkeiten hängen von der ihnen zugekommenen Impulsgröße (aus Strahl und Treffer von anderen Partikeln) und von der Partikelgröße ab. Die Beladung des Strahls mit flüssigen oder festen Partikeln fördert das Eindringen umgebender Stoffe in den Strahl[22].

Kalkbeimengungen erhöhen den Strahldruck und den Auftreffdruck[3]. Ein größerer Düsenquerschnitt liefert einen höheren Strahldruck, aber auch einen langsameren Anstieg des Sauerstoffdruckes. Die Kalkteilchen erreichen eine bestimmte Grenzgeschwindigkeit in Düsennähe. Sie bleiben in der Strahlachse, was durch lange Düsen und große Querschnitte an der engsten Stelle gefördert wird. Die Geschwindigkeit des Kalkpulvers nähert sich leichter der Austrittsgeschwindigkeit des Sauerstoffs bei großen Querschnitten an, wo die Reibungsverluste kleiner sind. Bei einer Einlochlanze ändern sich bei verschiedenen Lanzenabständen Strahlradius und Zentraldruck nur leicht. Bei einer Dreilochlanze mit Zylinderbohrungen neigten die Kalkteilchen wegen des kleinen Querschnitts und der kurzen Düse zum Ausbrechen. Der Reibungsdruckverlust für Kalk ist groß. Daher können Kalkpulverzugaben einen Einlochstrahl härter und Dreilochstrahlen weicher machen, deren engster Querschnitt dreifach kleiner ist[3].

2.5 Änderungen in der Strahlzusammensetzung

Der in den Konverter eingeblasene Strahl besteht aus einem hochreaktiven Medium: Sauerstoff. Deswegen muß man mit chemischen Umsetzungen mit den eingesaugten Stoffen im Strahl rechnen. Dementsprechend fällt mit wachsender Strahllänge die Sauerstoffkonzentration im Strahl[2,23-26]; die Konzentrationen von CO und CO_2 sowie die Strahltemperatur wachsen[23]. Die CO-Konzentration steigt mit zunehmender radialer Entfernung von der Strahlachse steil an. Die CO_2-Konzentration erreicht ein Maximum in einer bestimmten Entfernung von der Strahlachse und fällt auf beiden Seiten des Maximums ab.

2.6 Harter und weicher Strahl

Bei festgelegten Sauerstoffvordrucken, Blasgeschwindigkeiten und Düsenauslegungen kann ein hartes oder weiches Blasverhalten durch unterschiedliche Lanzenabstände oder durch unterschiedliche Sauerstoffströme erreicht werden. Da die Badhöhe wegen des Futterverschleisses sich ändert, muß der Lanzenabstand regelmäßig während einer Konverterreise überprüft werden. (Der tatsächliche Ort des Lanzenendes sollte 15 cm oder weniger innerhalb des gewünschten Abstandes liegen[27]).Die Abhängigkeit der Koaleszenz der Strahlen vom Lanzenabstand kann für die Veränderung des Strahlverhaltens ausgenutzt werden: Düsen werden so ausgelegt, daß sie am Anfang bei höheren Lanzenabständen koaleszierende, weiche Strahlen erzeugen, die eine frühe Schlackenbildung begünstigen, daß sie jedoch bei niedrigeren Lanzenabständen einzelne, harte Strahlen liefern, die die notwendige Rührwirkung für hohe Reaktions- und Schrottschmelzgeschwindigkeiten eher erbringen[17]. Ein harter Strahl kann trotz wachsenden Lanzenabstandes hart gehalten werden, wenn man entweder die Gasgeschwindigkeit oder den Gasstrom erhöht.

Mit den Worten "hart" und "weich" werden kleine und große dynamische Drucke des auftreffenden Strahls und die resultierende Wechselwirkung mit dem Bad qualitativ beschrieben. Nachstehend werden einige Wirkungen verschiedener Blasweisen zusammengestellt[27,28]:

Metallurgischer Effekt Strahl:	hart	weich
Eindringen ins Bad	Zunahme	Abnahme
Baddurchmischung	Zunahme	Abnahme
Mittlere Entkohlungsgeschwindigkeit	Zunahme	Abnahme
Verschlacktes Eisen	Abnahme	Zunahme
Rest-P im Bad	Zunahme	Abnahme
Rest-Mn im Bad	Zunahme	Abnahme
Blaszeit	Abnahme	Zunahme
Sauerstoffverbrauch pro Charge	Abnahme	Zunahme
Lebensdauer des Lanzenkopfes	Abnahme	Zunahme
Futterverschleißgeschwindigkeit	Abnahme	Zunahme
Konverterwand und -boden	Abnahme	Zunahme
Konverterhut	Ab-, dann Zunahme	Zunahme
Mündungsbären	metallisch	schlackenreich
	schwer zu entfernen	leicht zu entfernen
Schlackenüberlauf	Abnahme	Zunahme
Metallspritzer	Zunahme	Abnahme
Ungeschmolzener Schrott	Abnahme	Zunahme
Metallausbringen	Zunahme	Abnahme

3. Aufblaszone

3.1 Vom Strahl erzeugte Vertiefung am Auftreffpunkt

Am Blasbeginn trifft der Strahl, wenn das Schrottvolumen nicht zu groß ist, unmittelbar auf das Metall und überführt seinen Impulsstrom und sein Oxidationspotential an das Bad. Als Ergebnisse entstehen u.a. eine unstabile Vertiefung, viele Tropfen, eine große Menge gasförmiger und flüssiger Oxide mit der entsprechenden Wärmeproduktion sowie Bewegungen innerhalb des Bades, die die Auflösung des Schrottes und die Badreaktionen beschleunigen. Obwohl alle Einzelheiten dieser Vorgänge noch nicht genau bekannt sind, wird nachstehend eine zusammenfassende Darstellung des derzeitigen Kenntnisstandes versucht.

Farbige zeitgedehnte Filmaufnahmen durch ein Quarzfenster in der Wand eines Kleinkonverters mit ungefähr 1oo kg Fassungsvermögen zeigten anhand von eingesaugten Tropfen im Strahl eine Abwärtsbewegung im Strahl, die dann längs den Wänden der Vertiefung aufwärts reflektiert wird[29]. Der reflektierte Teil des Strahls besteht wahrscheinlich aus CO und CO_2, da angenommen wird, daß sich der Sauerstoff in Eisen ohne Verzögerung löst und es oxidiert[3o,31].

In verschiedenen Versuchen mit Eisenschmelzen[32,33] oder schwebenden Tropfen[34], die mit Sauerstoff beaufschlagt wurden, stellte man fest, daß die anfängliche Absorption außerordentlich schnell ist, daß jedoch die Bildung einer Oxidschicht und deren Anwachsen zu einer ziemlich plötzlichen Verlangsamung des Sauerstoffübergangs vom Gas zum Metall führt. Der Sauerstofftransport durch die ionisierte Schlackenphase wird als der geschwindigkeitsbestimmende Schritt angesehen[33,35]. Choh und Inouye[36] untersuchten die Geschwindigkeit der Sauerstoffabsorption in flüssigem Eisen und beschrieben ihre Ergebnisse durch ein Modell, wonach ein Teil der Sauerstoff-Gasmoleküle auf der Eisenoberfläche ein Oxid bildet, das sich im Eisen löst, und der Rest der Gasmoleküle sich an der oxidfreien Eisenoberfläche ins Eisen löst. Die Menge des im Oxid an der Grenzfläche angesammelten Sauerstoffs wächst mit steigendem Sauerstoffpartialdruck, steigendem Gasstrom und mit dem Sauerstoffgehalt des Eisens. Bei hohem Sauerstoffpartialdruck werden die meisten Sauerstoffatome durch die oxidfreie Grenzfläche aufgenommen, aber eine wachsende Sauerstoffmenge sammelt sich an der Grenzfläche als Oxid. Die Lösungsgeschwindigkeit des Oxids im Eisen ist im Vergleich zur Lösungsgeschwindigkeit des Sauerstoffs durch die oxidfreie Grenzfläche oder der Bildungsgeschwindigkeit des Oxids sehr klein. Als Beispiel für die Ergebnisse wird Bild 6 angegeben.

Unmittelbare Beobachtungen in einem 4o-kg-Konverter zeigten, daß kurz nach Blasbeginn ringförmige Oxide sich von der Kraterzone periodisch mit einer Frequenz von 25 Hz ausbreiteten[37]. In einer anderen Untersuchung[38] wurde beobachtet, daß sich beim Aufblasen von Sauerstoff auf Reineisen ein zusammenhängender Oxidfilm am Auftreffpunkt bildete, der von vielen kleinen Oxidflecken begrenzt war, die durch Koaleszenz mit anderen wuchsen, sich loslösten und unter der Wirkung des Strahls über die Badoberfläche schwammen. Dabei wurden sie kleiner und verschwanden schließlich, was als ein Zeichen dafür gehalten wurde, daß Sauerstoff zu anderen, noch nicht mit Sauerstoff gesättigten Badteilen überführt wurde. Erst nach Sättigung des ganzen Bades kann die ganze Badoberfläche oxidiert werden. Die Verfasser schlußfolgern, daß die Bildung der Eisenoxide hauptsächlich im Auftreffbereich erfolgt. Dies ist nur möglich, wenn eine dünne Eisenschicht entkohlt und mit Sauerstoff gesättigt ist[38].

Die Sauerstoffaufnahme erfolgt nicht nur durch direkte Lösung von O_2-Gas, sondern auch durch Auflösen gebildeter Eisenoxide[36].

Das Verhalten der Vertiefung im Metallbad unter dem Strahl, das von der Strahldynamik und den Eigenschaften der Flüssigkeit abhängt, wird qualitativ im allgemeinen wie folgt beschrieben:

Wenn		dann	
Impulsstrom	Lanzenabstand	Muldenbreite	Muldentiefe
wächst	gleichbleibt	wächst	wächst
gleichbleibt	wächst	wächst	sinkt

Zeitdehnungsfilmaufnahmen vom Sauerstoffaufblasen auf Roheisen mit Mehrlochlanzen mit bis zu 17oo B/s (Bilder pro Sekunde) ließen für jeden gewählten Vordruck zwei deutlich getrennte Bereiche erkennen[39,4o]: Unmittelbar nach Blasbeginn wird eine "Aufbauperiode" beobachtet, während der die größte Tiefe des Kraters mit der Zeit wächst. Nach etwa einer Sekunde wird ein stationärer Zustand erreicht, bei dem die Kratertiefe konstant bleibt oder um einen mittleren Wert schwankt. Das Maximum der Strahleindringtiefe sinkt bei konstantem Auftreffdruck mit zunehmender Düsenzahl und Düsenanstellwinkel. Wenn bei Dreilochlanzen der Düsenanstellwinkel 12 oder 15° und bei Fünflochlanzen 2o° beträgt, wurden getrennte Auftreffbereiche auf der Badoberfläche beobachtet. Diese getrennten Bereiche vereinigen sich zu einem einzigen für Düsenanstellwinkel von 0 oder 5° bei Dreilochlanzen und für Düsenanstellwinkel von 12° bei Fünflochlanzen.

Für ausgebildete Strahlströmungen gibt Molloy[41)] drei Wirkungsarten an: Bei niedrigen Strahlgeschwindigkeiten und/oder großen Lanzenabständen ist die Vertiefung flach und stabil. Bei höheren Strahlgeschwindigkeiten und/oder kleineren Lanzenabständen wird die Vertiefung größer und instabil. Große Mengen an Flüssigkeit werden in das Gas eingezogen und nach außen aus der Vertiefung verspritzt. Bei noch höheren Auftreffgeschwindigkeiten ändert sich das Profil der Vertiefung und das "Spritz"-Verhalten geht in das "Eindring"-Verhalten über. Der Krater wird instabil und schwankt in Größe, Form und Lage. Große Tropfen bilden sich. Diese Beobachtungen werden später auch an Heißmodellen bestätigt, beispielsweise[42)]. Den Übergängen zwischen den einzelnen Bereichen entsprechen Lanzenabstände H_L, die mit dem Strahlimpulsstrom i über

$$H_L = f((i/\rho_{Fe} g)^{1/3})$$

verbunden sind[42)].

Eine Übersicht[43)] über frühere quantitative Ausdrücke für die Strahleindringtiefe ist vorhanden und trotz der heftigen Bewegungen des Kraters, für die eine Frequenz von o,1 bis o,15 s angegeben wird[44,45)], gibt es im jüngeren Schrifttum Gleichungen[46-48)] und Nomogramme[29)] zur Ermittlung dieser Tiefe.

Badteile werden in den Strahl gebracht, wodurch dieser eine Zweiphasenströmung wird[41)]. Obwohl der Gasstrahl kontinuierlich strömt, wird die spezifisch schwerere Badphase intermittierend in den Strahl eingebracht. Das direkte Auftreffen der spezifisch schwereren Badteilchen, die wie Projektile wirken, treibt die Krateroberfläche weiter nach unten[41]. Rechnerisch[49] wurde gezeigt, daß im Strahl mitgeführtes Metall in o,1 bis 1 mm große Tropfen zerteilt werden soll und daß diese Tropfen ausreichend Zeit haben, durch CO-Bildung unter der Oberfläche microngroße Tropfen zu bilden, die eine fast schlagartige Metallverbrennung erlauben.

In den bereits erwähnten Zeitdehnungsfilmaufnahmen[39,4o] konnte kein Eindringen von Tropfen in Einlochstrahlen beobachtet werden, allerdings trat periodisch eine helle Flamme ausgehend von der Lanzenspitze auf und umgab die ganze Strahlauftreffzone.

Mit Filmaufnahmen bis zu 4ooo B/s vom Aufblasen am Rand eines durchsichtigen Quarztiegels machten Okhotskii und Mitarbeiter[5o] folgende Beobachtungen (Bild 7): Der Strahlauftreffbereich ist recht gut unterscheidbar. Der Strahl verschwindet im hellen Hintergrund der Reaktionszone. Die Verfasser unterscheiden einen Bereich I, der der Form nach beinahe ein Oval und heller als das übrige Gebiet ist. In diesem Bereich ist es möglich, eine Abwärtsströmung zu identifizieren. Dies ist die primäre Reaktionszone der Verfasser, in der die Verbrennung des mitgeführten Metalls im Sauerstoffstrom stattfindet. Diese Reaktion findet oberhalb einer Höhe statt, die dem ungestörten Badspiegel entspricht, und wird durch das Eindringen von Metall aus der Reaktionszone in den Sauerstoffstrahl verursacht.

In den Gebieten um die primäre Reaktionszone wurde eine Gasentwicklung festgestellt, wobei das Gas zum Rand der primären Reaktionszone aufstieg. Dieser Teil des Bades ist die sekundäre Reaktionszone II. In ihr reagieren die Produkte der primären Reaktionszone (Eisenoxide) mit der Badschmelze unter Produktion von CO. Das CO umströmt die Abwärtsströme der Zone I und erzeugt dadurch die Umrisse der gesamten Reaktionszone, die die Form eines Paraboloids hat. Die ganze Reaktionszone pulsiert und wandert fluktuierend im Bad hin und her. Beim Beaufschlagen von Stahl mit niedrigem Kohlenstoffgehalt (Bild 7e) erlaubt die geringe Menge an entstehendem CO nicht, die primäre Reaktionszone deutlich von der sekundären zu unterscheiden[5o).

Die Einteilung der Reaktionszone in primäre und sekundäre Zone wird auch von Chernyatevich u. Mitarbeiter[44] bestätigt.

Baptizmanskii und Mitarbeiter[46] zeigten durch Filmaufnahmen von Einloch-Laborschmelzen und von Betriebsschmelzen, die auch das Sauerstoffeinblasen in einen SM-Ofen einschlossen, daß die Bewegungen und die Gasfreisetzung in der Reaktionszone nicht gleichmäßig stattfinden: Die intensivste Bewegung, Versprühen und Gasentwicklung geschehen in der Primärzone. Eine Zunahme der Entkohlungsgeschwindigkeit vermindert die Tiefen der primären und der sekundären Reaktionszonen: Wegen des entgegengerichteten CO und infolge der Assimilierung des Sauerstoffs und der Eisenoxide in beiden Zonen hat der Strahl hier Schwierigkeiten, in das Bad einzudringen. Wenn die Lanze hochgefahren wird, verringert sich die Wirkung der Entkohlungsgeschwindigkeit, obwohl die Tiefen viel kleiner werden.

Die Durchmesser der Reaktionszonen sind am größten, wenn der Badkohlenstoffgehalt hoch und die Entkohlungsgeschwindigkeit maximal sind. Offensichtlich hängen sie von dem CO-Volumen ab, das in den Reaktionszonen entsteht. Mit steigender Entkohlungsgeschwindigkeit verkleinert sich die Tiefe der Reaktionszonen, während ihr Durchmesser zunimmt. Diese Beziehung ist nicht so klar für den Durchmesser bei Blasbeginn. Bei Kohlenstoffgehalten unter 2% wird der Durchmesser bei weiter sinkenden Kohlenstoffgehalten und Entkohlungsgeschwindigkeiten erheblich kleiner. Der Strahldruck hat einen entscheidenden Einfluß auf den Durchmesser der Reaktionszonen[46].

Das in den Reaktionszonen entstehende Gas wird in Form großer Blasen mit einer Periode von o,2 sec freigesetzt. Intensive Gasfreisetzung war mit einem erheblichen Metallversprühen in dem Gebiet um die Lanze verbunden[51].

Durch Beobachtung und Fotografieren des Strahleindringens durch ein Quarzfenster in einem LD-Konverter von etwa 1oo kg Kapazität wurden Modellergebnisse bestätigt und erweitert[29]: Der Krater pulsierte, um ihn gab es viel Turbulenz und Tropfenversprühen. Das Eindringen eines chemisch inerten Strahls war gleich dem eines Sauerstoffstrahls, es wurde durch chemische

Reaktionen, Badzusammensetzung, Temperatur, Schlacken- oder Düsentyp nicht beeinflußt[29].

In eigenen Versuchen[39,4o] wurde beobachtet, daß an Quarz anhaftende Eisenoxide und Reaktionen des Sauerstoffs mit den in diesen Oxiden eingelagerten Tropfen den Blick in den Krater behindern können.

In russischen Untersuchungen[52] wurde ein Verfahren zur Ermittlung der Bestandteile des Strahlauftreffbereichs entwickelt, bei dem Sauerstoff in einen kontinuierlich mit Strahl durchströmten Tiegel mit einem Bodenloch eingeblasen wird. Der Strahl brennt ein Loch in den das Bodenloch verschließenden Magnesitstopfen und erlaubt dann das Ausfließen der Bestandteile der Auftreffzone und deren Erstarren in einem Auffangbehälter. Die Zusammensetzung des verwendeten Metalles entsprach gewissen Blasabschnitten; die Blasbedingungen entsprachen Stahlwerksbedingungen.
Die Bestandteile der Reaktionszone waren eine Mischung aus Metalltropfen verschiedener Größen und Schlacke. Die analysierten Schlackenzusammensetzungen wurden um den Ausmauerungsverschleiß korrigiert; sie werden in Bild 8 angegeben. Hauptbestandteile der Schlacke sind Eisenoxide (bis zu 85 bis 98 % je nach dem Badkohlenstoffgehalt), deren Gehalt mit abnehmenden Badkohlenstoffgehalt steigt. Die Änderungen in den SiO_2- und MnO-Gehalten lassen den Schluß zu, daß sie sich als ein Ergebnis der sekundären Reaktion zwischen Eisenoxiden und den Eisenbegleitern ergeben. Ein Vergleich der Zusammensetzung des eingesetzten Metalles mit der der sauerstoffbeaufschlagten Zone zeigt selbst ganz zu Beginn des Blasens eine starke Silicium- und Manganoxidation, aber auch eine Kohlenstoffoxidation. Die große Beschleunigung der Entkohlung beginnt jedoch nach dem Silicium- und Manganabbrand. Es gibt Anzeichen für eine Entschwefelung in den Bereichen der Reaktionszone mit hohem Oxidationspotential[52]. Die metallische Phase wurde einer Siebanalyse unterzogen[53]. Die Größen der Partikel lagen zwischen 4o und 2ooo µm. Die Verteilung entsprach einer logarithmischen. Obwohl die meisten Partikel Vollkugeln sind, gibt es auch eine beträchtliche Menge Partikel mit inneren und äußeren Löchern in allen Blasabschnitten.

Chernyatevich u. Mitarbeiter[44,54,55] setzen sich kritisch mit früheren Kalt- und Heißmodell-Untersuchungen auseinander, geben Bedingungen für geometrische, physikalische und dynamische Ähnlichkeiten an und beschreiben Versuchsanordnungen für die unmittelbare Beobachtung der Vorgänge im Modellkonverter[55]. Durch Hochgeschwindigkeitsfilmaufnahmen der Reaktionszone beim Aufblasen mit einer Vierlochlanze im Heißmodell[54] wurden getrennte Reaktionszonen auf der Badoberfläche festgestellt, da jeder Strahl einen offenen Krater bildete. Über die Krateroberfläche wanderten Wellen, die bei Annäherung an den Kraterrand in feine Tropfen zerbrachen. Schlacke bildete sich im Strahlauftreffbereich,und kleine Schlackenvolumina verließen die Krater und bewegten sich zum Konverterfutter, bis das Metall mit einer von der Reaktionszone bis zum Futter durchgehenden Schlackenschicht bedeckt war. Solange die einzelnen Reaktionszonen sich nicht vereinigten (sie vereinigen sich bei hartem Blasen), verließ das CO den Auftreffbereich in einzelnen Schüben; sobald sie sich vereinigten, entwich das entstehende Gas in einem kontinuierlichen, recht stabilen Strom. Dies scheint der Grund zu sein, warum die Anzahl der Schlacke/Metall-Auswürfe zurückgeht[54].

Der Einfluß des Sauerstoffvordruckes, des Lanzenabstandes, des Badkohlenstoffgehaltes und von Beimengungen[56] sowie des Düsenanstellwinkels[51] auf die Abmessungen der Reaktionszone wird quantitativ untersucht.

Bei der Untersuchung der physikalisch-chemischen Vorgänge am Sauerstoffauftreffpunkt, bei der die Tiegelhöhe ungefähr gleich der Badhöhe war, beobachteten Koria und Lange[39,4o], daß sich viel Eisenoxid am Auftreffpunkt bildet. Der Auftreffbereich wurde in regelmäßigen Abständen sehr hell im Vergleich zum restlichen Bad. Ab bestimmten Impulsstromdichten am Auftreffpunkt bildete sich eine Oxid/Metallemulsion unmittelbar nach Blasbeginn. Die Tropfen hatten im allgemeinen eine Größe zwischen o,25 und 5 mm und waren heller als das restliche Bad. Es wurde auch mit Zeitdehnungsfilmaufnahmen festgestellt, daß winzige Tropfen bereits vor der Sauerstoffbeaufschlagung des Metallbades entstehen.

3.2 Temperatur im Auftreffbereich

Der Sauerstoff des Strahls reagiert beim Auftreffen mit den im Roheisen gelösten Elementen und dem Eisen selbst. Die Temperatur in der Auftreffzone wird durch die Wärmeproduktion, die diese Oxidationsreaktionen begleiten, und durch den konvektiven Wärmetransport in Gegenwart sehr intensiver turbulenter Bewegungen innerhalb des Auftreffbereichs bestimmt. Berechnete[4,57)] Temperaturen gehen bis zu 3ooo °C, experimentell bestimmte[3o,58-63)] Temperaturen liegen zwischen 166o und 25oo °C. Ein experimenteller Wert von 26oo °C wird nicht als zuverlässig angesehen[59)]. Im allgemeinen sind die beobachteten Temperaturen stark schwankend und ungleichmäßig, die Temperaturgradienten an der Grenzfläche gehen bis zu 2oo°/mm. Die beobachteten Temperaturen wachsen mit dem spezifischen Sauerstoffangebot[3o,6o,63)], sie sind niedrig bei hohen Entkohlungsgeschwindigkeiten, wenn die erzeugten CO-Blasen die Austauschvorgänge intensivieren[6o)].

Die in den Bildern 9 [44)] und 1o [56)] dargestellten Temperaturen im Strahlauftreffbereich wurden mit Methoden der fotografischen Pyrometrie[44)] ermittelt. Bei Zugabe von Eisenpulver zum Sauerstoffstrahl (Bild 1o A) sinkt die Temperatur im Zentrum zuerst; nach Zündung des Pulvers war die Temperatur 4o bis 5o° höher als ohne Pulverzugabe. Bei Zugabe von Pulvern aus CaO, Kalk oder Eisenoxid zum Sauerstoffstrahl war die Temperatur um 15o bis 2oo° kleiner als beim Blasen mit Sauerstoff allein.

Bei der Bewertung der gemessenen Temperaturen muß das verschiedene Emissionsvermögen von (metallischem) Eisen und oxidiertem Eisen berücksichtigt werden. Eisenoxid hat ein höheres Emissionsvermögen als Eisen und strahlt daher bei gleicher Temperatur heller. Schumacher[64)] berichtet, daß FeO bei derselben Temperatur um 16oo °C zweimal heller als metallisches Eisen strahlt und weist darauf hin, daß eine Oxidschicht mit einer Dicke von nur einigen Nanometern bereits ausreicht, das Strahlungsverhalten eines Oxides hervorzurufen.

Sehr hohe Temperaturen im Auftreffbereich waren für eine lange Zeit die wichtigste Voraussetzung zur Erklärung der hohen Umsatzgeschwindigkeiten im Aufblaskonverter. Diese Erklärungen vernachlässigten jedoch, daß Transportvorgänge eine niedrigere Aktivierungsenergie als chemische Reaktionen haben und daher durch die gleiche Temperaturerhöhung nicht im gleichen Maß beschleunigt werden wie chemische Reaktionen[65]. Transportprobleme müssen daher auftauchen.

3.3 Tropfen

Die Erzeugung einer großen Zahl von Metall- und wahrscheinlich Schlackentropfen ist eine charakteristische Eigenschaft des Sauerstoffaufblasens, weil die Impulsstromdichte eines normalen Sauerstoffstrahls einige Größenordnungen über jener liegt, die für die Zerkleinerung der Metall- oder Schlackenoberfläche nötig ist: Durch unmittelbare Beobachtung[66] des Versprühbeginns verschiedener Flüssigkeiten, auf die verschiedene Gase aufgeblasen wurden, wurde eine Beziehung (Bild 11) zwischen der kritischen Eindringtiefe, bei der das Spritzen beginnt, und der Flüssigkeitskennzahl aufgestellt. Mit den Eigenschaftswerten in Bild 12 [66] und der Beziehung in Bild 11 ermittelt man für diese kritischen Tiefen $\bar{n}_c$ für Stahl 2 cm und für Schlacke 3 cm. Unter normalen Blasbedingungen bei der Stahlherstellung überschreiten Eindringtiefen wesentlich diese Werte für $\bar{n}_c$. Ein allgemeines Modell für den Verspritzbeginn durch einen senkrecht auf eine Flüssigkeit auftreffenden Gasstrahl bei Abwesenheit einer bedeckenden Schicht einer zweiten Flüssigkeit wurde später entwickelt[67].

Während einige Arbeiten über die Tropfenbildung bei Kaltmodellen zur Verfügung stehen[41,66-7o], die jedoch die die Eisentropfenbildung erleichternde starke Erniedrigung der Grenzflächenspannung am Auftreffpunkt des Sauerstoffstrahls nicht simulieren können, sind unmittelbare Beobachtungen über die Bildung von Eisentropfen selten: Das Sauerstoffaufblasen mit einer Zylinderdüse in einem 5o-kg-Induktionsofen wurde mit bis zu 4ooo B/s gefilmt[71]. Der Auftreffbereich wurde von oben gefilmt, vor jeder Filmaufnahme wurde die Schlacke entfernt. Mit steigender Blasgeschwindigkeit wurde die Bewegung des Kraterrandes turbulenter, und einzelne Metallteile wurden am Kraterrand ausgestoßen. Diese Auswürfe sind anfänglich nach allen Seiten gerichtet, ab einer bestimmten Blasintensität werden sie in die Wirkungszone des Sauerstoffstroms gezogen. Die eingedrungenen Metallteile werden in einen Strom von Tropfen mit Durchmessern zwischen o,5 und 1 mm zerkleinert und durch den Sauerstoffstrahl in das Bad gebracht. Diese Tropfen sind viel heller als der anfängliche Auswurf, was ihre intensive Wechselwirkung mit dem Sauerstoff anzeigt. Kräftigeres Blasen erzeugt einen tiefeindringenden Strahl. Die Verfasser behaupten, daß unter diesen Bedingungen die Schmelze in den Strahl eindringt und verdampft; sie geben aber auch zu, daß es wegen der Bildung von braunem Rauch schwieriger wurde, die Strahl/Metall-Wirkung zu beobachten. Nach Aussage der Verfasser haben die Versuche bestätigt, daß Metall in den Strahl gelangt, dort zerkleinert und zu Eisenoxid verbrannt wird; sie bestätigen auch, daß die Frischreaktionen hauptsächlich innerhalb eines begrenzten Volumens im Bad stattfinden, das der Wirkung des in das Bad eindringenden Sauerstoffstrahls ausgesetzt ist[71)].

Nach dem Filmen des Sauerstoffeinblasbereichs (in einem SM-Ofen) vermutlich von oben berichten Okhotskii und Mitarbeiter[72)], daß das CO-Gas, das den Reaktionsbereich mit 15 m/s verläßt, beträchtliche Metallmengen nach außen wirft, wobei die Intensität mit steigendem Badkohlenstoffgehalt wächst. Die Geschwindigkeit großer herausgeschleuderter Teilchen (Länge 1oo mm, Durchmesser 3o mm) beträgt etwa 5 m/s, die kleiner Teilchen (Durchmesser 1o bis 2o mm) geht bis zu 15 m/s hoch. Diese Geschwindigkeiten sind höher als in [7o)] berechnete Werte.

Farbaufnahmen mit 48 und 27o B/s durch ein Quarzfenster in der Wand eines Konverters mit einer Kapazität von etwa 1oo kg zeigten, daß einige der von den Kraterwänden losgerissenen Schlacke/Metall-Tropfen in den Strahl eingesaugt und in den Krater zurückgebracht werden. Einige Tropfen entkommen der Injektorwirkung des Strahls und treten in die Schaumschlacke ein. Von den Tropfen im Zentralbereich des Strahls wird berichtet, daß sie die größte Lichtintensität haben[29)].

Der Mechanismus der Erzeugung von Roheisentropfen durch Hochgeschwindigkeits-Sauerstoffstrahlen aus Einloch-, Dreiloch- und Fünflochdüsen wurde mit zeitgedehnten Farbfilmaufnahmen untersucht[39,4o)]. Drei Tropfenerzeugungsmechanismen, nämlich Spritzen, periodisches Pulsieren des Auftreffbereichs und Zerplatzen gebildeter Metalltropfen, wurden für einen weiten, den industriellen Bedingungen entsprechenden Blasparameterbereich beobachtet. Beim Spritzen, das einer niedrigen Impulsstromdichte in der Druckaufbauperiode[39)] entsprach, wurden kleine Tropfen und einige größere Tropfen an den Rändern des Auftreffbereichs erzeugt. Nach dem Erreichen des stationären Zustandes[39,4o)] wurde ein anderer Mechanismus der Tropfenerzeugung beobachtet, bei dem der Auftreffbereich periodisch in horizontaler und vertikaler Richtung pulsiert. Durch diese Schwingungen wird eine gewisse Flüssigkeitsmenge über das Bad erhoben, die um den Auftreffbereich rotiert. Wenn diese Flüssigkeitsmenge in Stücke disintegriert, werden kleinere Tropfen erzeugt; wenn sie unmittelbar aus dem Auftreffbereich geschleudert wird, entstehen große bis sehr große Tropfen. Das Auseinanderplatzen von bereits gebildeten Tropfen wurde als der dritte Tropfenbildungsmechanismus characterisiert. Durch diesen Mechanismus werden sehr kleine Tröpfchen mit Durchmessern zwischen möglicherweise o,1 und 1 mm erzeugt.

Mittlerweile gibt es im Schrifttum eine ganze Reihe von Daten über Tropfen im Aufblaskonverter, die jedoch nur schwer miteinander zu vergleichen oder auszuwerten sind, da nicht alle notwendigen Versuchsgrößen gegeben oder kontrolliert wurden.

Im Jahr 1963 berichten Jones und Mitarbeiter[73)], daß schäumende LDAC-Schlacken etwa 1o % des Metallbades in Form von Tropfen suspendiert enthalten, und Kozakevitch und Mitarbeiter[74)] berichten, daß Betriebsschlacken 26 bis 65 % des Schlackengewichtes als Tropfen oder metallische Teilchen enthalten. Nach Meyer[75)] und Mitarbeiter[76)] ändert sich der Metallanteil in der Schlacke im Lauf einer Chargenblasdauer[77)] und geht durch ein Maximum von 8o % nach einer relativen Blaszeit von 3o %. Weitere Beobachtungen[2o, 78-83)] in Betriebskonvertern über Gesamtgehalte an Tropfen in Schlacke differieren quantitativ, stimmen aber darin überein, daß diese Gehalte in den ersten Blasminuten ansteigen. Die Höchstmenge in der Schlacke wird gewöhnlich in der Mitte einer Charge zur Zeit der höchsten Entkohlungsgeschwindigkeit[8o)] gefunden oder wenn die Schlacke durch das heterogene Gebiet der Ausscheidung festen Dikalziumsilikats geht[79)]. Im letzten Viertel einer Charge verringert sich die Tropfenmenge rasch. In der Schlacke werden zur Zeit des Abstichs gewöhnlich fast keine Tropfen gefunden. Diese Änderungen werden gewöhnlich mit Veränderungen in der scheinbaren Schlackenviskosität und der Entkohlungsgeschwindigkeit gedeutet.

Die berichteten Tropfengrößen zeigen ein ähnlich verwirrendes Bild: Nach Meyer[75)] und Mitarbeiter[76)] liegen die Durchmesser zwischen o,15 und 1,2 mm bei 9o % der metallischen Tropfen (die in ausgeworfenen Schlacken gefunden wurden). Die spezifische Oberfläche dieser Tropfen wird zwischen o,6 und o,8 m^2/kg Tropfen angegeben[76]. Price[78] berichtet, daß die vorherrschenden Tropfengrößen zwischen 1 bis 2 mm Durchmesser lagen. Bardenheuer[79] macht eine Siebanalyse und bestimmt die Fraktionen in Bild 13. Die größte Fraktion stellen Tropfen mit Durchmessern über 2 mm. Es gibt praktisch keine Unterschiede in den einzelnen Fraktionen über der Blaszeit. Zarvin und Mitarbeiter[8o] finden durch Probennahme am umgelegten Konverter, daß in allen Abschnitten einer Charge der maximale Tropfenanteil einen Durchmesser unter 1 mm hatte (Bild 14 b). Der Anteil mit Durchmessern von 1 bis 1,5 mm war eine Größenordnung kleiner und der 2-mm-Anteil war um eine weitere Größenordnung kleiner. Die größte Gesamtoberfläche zeigte Tropfen mit Durchmessern zwischen 1 und 1,5 mm (Bild 14 a) und in einem etwas kleinern Ausmaß Tropfen zwischen o,25 bis o,5 mm, die hauptsächlich durch CO-Blasen in die Schlacke befördert wurden[8o]. Cosma und Mitarbeiter[81] geben als typische Größe für Aufblaskonverter-Tropfen 1 mm oder weniger an; es wurden aber auch einige Tropfen mit 5 mm Durchmesser gefunden. Die Ergebnisse von Schoop und Mitarbeiter[2o] für einen 2oo-Tonnen-Konverter zeigen, daß die größte Anzahl der Tropfen Durchmesser zwischen o,o5 und 2 mm aufweist. Die Tropfengrößenverteilung wird in Bild 15 b [84] als Funktion des mittleren Durchmessers angegeben. Die Abweichung der Verteilungskurven bei den größeren Tropfen wird als Hinweis auf das schnellere Absetzen der größeren Tropfen während des Konverterumlegens für die Probennahme angesehen. Die Gesamtfläche aller Metalltropfen nimmt mit der Blaszeit zu (Bild 15 d), geht durch mindestens ein Maximum bei etwa 3ooo m^2 und sinkt dann ab. Die Abnahme in der rechten Kurve wurde durch eine Verminderung des Sauerstoffstroms von 8oo auf 55o m^3/min verursacht. Die spezifische Oberfläche liegt bei rund 12 cm^2/g Tropfen.

Für einen 5o-kg-Konverter wurde gefunden[85], daß 45 bis 7o % der Tropfen in einer schäumenden Schlacke Durchmesser unter 1 mm, 23 bis 32 % solche zwischen 1 und 1,6 mm und 7 bis 26 % solche zwischen 1,6 und 2,5 mm haben. Für Mehrlochlanzen gelten dabei die größeren Prozentzahlen. Aus Versuchen in einem 6-t-Konverter wurde abgeschätzt[86], daß die Mehrzahl der Tropfen im o,3 bis o,5 mm Durchmesserbereich liegen. Die entsprechende Oberfläche wurde zwischen 15 und 2o cm^2/g abgeschätzt.

In Versuchen, die Verweilzeit[78] von Tropfen in der Schlacke oder den dynamischen Austausch[86] von Eisen zwischen Schlacke und Bad zu messen, wurden radioaktive Elemente während des Blasens in den Konverter eingeworfen und die Geschwindigkeit verfolgt, mit der radioaktive Metalltropfen in die Schlacke gelangten und dort nichtaktivierte Tropfen ersetzten, die ins Bad zurückfielen. Bei der Betrachtung der Ergebnisse muß man jedoch das Problem der Mischungsgeschwindigkeiten der radioaktiven Zugaben im Bad und ihres Austauschs mit der Schlacke berücksichtigen. Die Baddurchmischung ist nicht augenblicklich[86,87]. Die Verweilzeit einer bestimmten Tropfenmasse braucht auch nicht mit der Lebenszeit dieses Tropfens übereinzustimmen!

Tropfen in überlaufenden Schlacken sind gewöhnlich hohl und haben eine große Öffnung[74]. Bardenheuer[79] bemerkt, daß mit einer Hilfslanze während des Blasens genommene Tropfen meistens auch hohl sind. Es gibt Beobachtungen, wonach die Metalltropfen eine gewöhnlich FeO-reiche Schlacke umgibt[81] und daß besonders um den Blasbeginn die Tropfen Schlacke enthalten. Der äußere Teil der Tropfen erstarrt wegen intensiver Entkohlung bei noch niedrigen Bad- und Schlacketemperaturen, der flüssige Kern der Tropfen wird durch spontane CO-Bildung ausgeblasen und die hohle Schale wird mit Schlacke gefüllt[84].

Okhotskii[83] nimmt an, daß die Tropfenmasse in der Schlacke mit dem spezifischen Sauerstoffangebot steigt. Schoop und Mitarbeiter[2o,88] entwickelten eine halbempirische Beziehung zwischen der Impulsstromdichte im Strahl und dem Metalltropfenstrom. Die Gleichungen zur Entwicklung dieser Beziehung sind in Bild 16 zusammengestellt. Die Endgleichung (Nummer 4 in Bild 16) ist in Bild 17 dargestellt.

Koria und Lange[39,4o] untersuchten den Einfluß des Auftreffdrucks auf die Größenverteilung der durch Einloch-, Dreiloch- und Fünfloch-Zylinderdüsen produzierten Tropfen. Dabei ergab sich, daß das Verhältnis aus Gefäßhöhe und Roheisenbadhöhe einen wichtigen Einfluß auf die qualitative und quantitative Entwicklung der Größenverteilung der Tropfen hat, die aus dem Gefäß geworfen werden. Bei konstantem Auftreffdruck verschob sich die Größenverteilung der aufgefangenen Tropfen zu größeren Durchmessern, wenn die Gefäßhöhe sich der Badhöhe annäherte. Versuchsreihen mit den Betriebsbedingungen entsprechenden Blasparametern wurden in völlig gefüllten Gefäßen durchgeführt und dabei gefunden, daß Tropfen mit äquivalenten Durchmessern zwischen o,25 und 7o mm produziert werden, wobei die obere Grenze stark vom Auftreffdruck abhängt. Die erzeugten Metalltropfen gehorchen der Rosin-Rammler-Verteilung. Die Korngrößenkennziffer wächst mit dem Auftreffdruck,und der Verteilungsexponent ist unabhängig von den aerodynamischen Eigenschaften des Gasstrahls.

3.4 Chemisches Verhalten der Tropfen

Der Gehalt der im Roheisen üblicherweise vorhandenen Elemente ist in den Tropfen gewöhnlich viel kleiner als im Metallbad. Eine Analyse der Tropfen aus schäumenden LDAC-Schlacken[73)] ergab fast reines Eisen, während das Bad noch 2 % Kohlenstoff und o,7 % Phosphor gelöst enthielt. Die Tropfen werden schneller entkohlt als das Bad[68,76,79,86,89-91)]. Mit zunehmender Schlackenoxidation wird der Kohlenstoffgehalt der Tropfen kleiner[76,91)].

In eigenen Versuchen[92)] wurde beobachtet, daß die durch den Sauerstoffstrahl erzeugten Tropfen umgekehrt proportional zu ihrem Durchmesser entkohlt werden. Es wurde außerdem festgestellt, daß nur Tropfen unter 2 mm Durchmesser ihren Kohlenstoffgehalt erheblich verringert haben. Da Tropfen dieser Abmessungen jedoch nur etwa o,5 % aller versprühten Tropfen ausmachen, bedeutet dies Ergebnis, daß unmittelbare Tropfen/Gas-Reaktionen von geringerer Wichtigkeit sind. Alle erzeugten Metalltropfen sind stark oxidiert; die Dicke der Oxidschicht wurde zu 6o um ermittelt. Diese Beobachtungen liefern einen Einblick in die Bildung einer eisenoxidreichen Schlacke: Alle Tropfen, die in den eigenen Versuchen[39)] außerhalb des Tiegels niederfielen, fallen im Konverter in das Bad zurück. Dadurch wird eine große Sauerstoffmenge in Form von Eisenoxiden zum Bad gebracht, die sofort vom Blasbeginn an mithilft, eine eisenoxidreiche Schlacke aufzubauen.

Im Hinblick auf diese Ergebnisse muß die Meinung[79)], daß die im Auftreffleck des Sauerstoffstrahles aufspritzenden Eisentröpfchen bei ihrem Rückfall mit zunehmender Menge der sich neu bildenden Schlacke in dieser aufgefangen und dort oxidiert werden, in Zweifel gezogen werden.

Wenn die Tropfen in einer geeigneten Schlacke (vgl. auch Kapitel 5) emulgiert werden, können außerordentlich niedrige Phosphorgehalte in den Tropfen gefunden werden, obwohl der mittlere Phosphorgehalt des Bades noch hoch liegt. Bei Fehlen einer geeigneten Schlacke kann die Entphosphorung der Tropfen ausbleiben. Die Entkohlung geschieht immer, da das Reaktionsprodukt CO vom Reaktionsort "von selbst" verschwindet. Daher können verschiedene Schlackenzustände die eine Beobachtung[9o] erklären, die sich von anderen[8o,84,89] hinsichtlich der Phosphorgehalte von Tropfen und Bad unterscheidet. Mit zunehmender Tropfenerzeugung steigen die Entphosphorungs- und Entkohlungsgeschwindigkeit[2o].

Weniger Klarheit besteht über Mangangehalte. Bei[89] liegen die Mangangehalte der Tropfen unter denen des Bades, bei[9o] wird kein Unterschied gefunden und in[8o] werden während des Blasens sowohl Manganoxidation als auch -reduktion in Tropfen und im Bad beobachtet. Diese verschiedenen Beobachtungen lassen sich erklären, wenn man örtlich verschiedene Schlackenbedingungen annimmt und die leicht umkehrbare Reaktion der Manganverschlackung berücksichtigt, die ein möglichst schnelles Abschrecken der Probe erfordert.

Die Temperatur des reagierenden Tropfens steigt: Die Temperatur eines Tropfens, dessen Kohlenstoffgehalt innerhalb von 1 bis 2 Minuten um 2 % fällt, kann um 25o° steigen[93].

3.5 Vorgänge im Auftreffbereich

Die bisher erörterten Versuchsergebnisse lassen sich zusammen mit weiteren Beobachtungen[77,94] folgendermaßen zusammenfassen:

Der Sauerstoffstrahl erzeugt beim Auftreffen eine große Menge Tropfen, die durch die Impulsstromdichte am Auftreffpunkt gesteuert werden kann. Der Sauerstoff im Strahl (freier oder in CO_2 oder Eisenoxiden gebundener) reagiert mit allen erreichbaren Elementen des Bades einschließlich des Eisens. Die Geschwindigkeiten, mit der die Reaktionsgrenzfläche vergrößert und die Eisenbegleiter zu ihr gebracht werden, sind offenbar erheblich kleiner als die Geschwindigkeiten, mit denen die Oxidationsmittel zu dieser Grenzfläche gebracht und die Phasengrenzreaktionen ablaufen. Eisen ist überall reichlich vorhanden, und es bestehen keine Schwierigkeiten für den Sauerstoffübergang ins Bad und die Eisenoxidation. Dadurch wird eine Situation geschaffen, in der große Mengen an Eisenoxiden im Strahlauftreffbereich entstehen.

Diese Eisenoxide reagieren dort mit im Bad gelösten Elementen oder Kalk oder Eisen, um weitere Oxide zu erzeugen oder Schlacke zu bilden, oder sie werden als völlig oder nur oberflächlich oxidierte Tropfen in Bereiche außerhalb der Auftreffstelle befördert, wo sie mit Badbegleitern, Kalk, Eisen oder anderen Oxidationsprodukten reagieren, wobei weitere Oxide entstehen oder Schlacke gebildet wird. Die im Strahlauftreffbereich gebildeten Eisenoxide können a) ins Metall gelangen und dort eine Oxid/Metall-Emulsion bilden, wobei der Sauerstoff sich im Metall löst und/oder mit Eisenbegleitern reagiert, b) aus dem Krater geschleudert werden und eine Metall/Schlacke-Emulsion oder wenn die Schlacke viele Festpartikel enthält, eine Metall/Festpartikel/Schlacke-Dispersion bilden oder c) von der Schlacke aufgenommen werden und je nach dem dortigen Gehalt der oxidierbaren Elemente mit ihnen reagieren oder Sauerstoff in der Schlacke für spätere Reaktionen speichern.

Innerhalb des Auftreffbereiches ist die Bildung einer Mini-Dispersion sehr wahrscheinlich, die aus einer hochturbulenten und reaktionsfreudigen Mischung aus Strahlgasen, auftreffenden fluiden und festen Teilchen, die vorher in den Strahl gerieten, neugebildeten Tropfen, gasförmigen oder flüssigen Oxiden und schlackenbildenden Zuschlägen besteht. Innerhalb dieser Mini-Dispersion bestehen örtlich und zeitlich ganz verschiedene Bedingungen hinsichtlich der chemischen Zusammensetzung, der Temperatur, der Geschwindigkeiten und Abmessungen und was sehr wichtig ist: Diese Bedingungen unterscheiden sich von den entsprechenden Größen des restlichen Bades. Daher kann es schwierig sein, durch Probenehmen in einem Bereich (Auftreffbereich oder Restbad) auf den Zustand des anderen zu schließen. Innerhalb der Dispersion im Krater gibt es keine Keimbildungsschwierigkeiten. Die höhere Metalltemperatur und die Erniedrigung der Grenzflächenspannung infolge des Stoffaustauschs erhöht in örtlich überoxidierten Metallvolumina wesentlich die Wahrscheinlichkeit der CO-Keimbildung. Außerdem enthält die Kraterdispersion eine große Zahl nichtverbundener Gasblasen und heterogene Bereiche mit Oxid- und Metallphasen, die bevorzugte Stellen für das Ablaufen sekundärer Reaktionen bieten.

Ein Beweis für einerseits bestehende großräumige Ungleichgewichte und andererseits ein örtlich bestehendes chemisches Gleichgewicht kann in den extrem niedrigen Phosphorgehalten der Metalltropfen gesehen werden. Diese niedrigen Cehalte fordern, daß die Schlacke, die mit diesen Tropfen koexistiert, ein Sauerstoffpotential hat, das viel höher liegt, als das einer Schlacke aus reinem "FeO" im Gleichgewicht mit reinem, sauerstoffgesättigtem Eisen. Der "Überschuß"-Sauerstoff (Fe_2O_3/FeO-Verhältnis) einer solchen Schlacke entspricht ungefähr dem Gleichgewicht mit einem Sauerstoffpartialdruck von $1o^{-5}$ bar. Dieses Sauerstoffpotential ist etwa 1ooo Mal größer als beim Gleichgewicht von reinem "FeO" mit Eisen[74].

Einen weiteren Beweis für das Vorhandensein örtlicher Volumina hochoxidierten Metalls im Auftreffbereich sind experimentelle Bestätigungen solcher Volumina in einem Zwei-Schmelzen-Ofen mit EMK-Messungen und gleichzeitiger Probennahme[95].

Die hochturbulente Bewegung innerhalb des Kraters sowie die aus dem Krater geschleuderten festen Partikel und Fluide (metallische, oberflächlich oder durchoxidierte und Oxid-Tropfen sowie CO-Gas) schaffen in anderen Bereichen, die nicht unmittelbar von den Strahlen getroffen werden, weitere Reaktionsstellen. Diese Bereiche können unmittelbar neben dem Krater (die sekundäre Reaktionszone im russischen Schrifttum) oder weiter weg z.B. in der Schlacke liegen.

4. Schlacke

4.1 Schlackenbildung

Unter der Schlackenbildung versteht man im allgemeinen die Oxidation des Siliciums, des Eisens und des Mangans sowie die Kalkauflösung während der Blaszeit. Weitere Schlackenquellen sind mitgelaufene Hochofenschlacke, Auflösung der feuerfesten Ausmauerung und Oxide aus Badzugaben. Bild 18 zeigt den üblichen Verlauf der Schlackenzusammensetzung. Diese Ergebnisse stammen aus einem 1oot-LD-Konverter, der mit 2,2 $m^3 O_2$/t.min geblasen wurde[96].

Das Sauerstoffpotential und die chemische Zusammensetzung der Schlacke zu jedem Zeitpunkt des Blasens steuern zu einem großen Teil die Reaktionsgeschwindigkeiten im Konverter. Die Sauerstoffverteilung zwischen Kohlenstoff und den anderen oxidierbaren Elementen ist eine sehr wichtige Variable zur Beeinflussung des

Frischens beim Sauerstoffaufblasverfahren. Sie erlaubt, eine Charge so zu blasen, daß beispielsweise neben der Entkohlung auch die Entphosphorung möglich ist. Die Sauerstoffverteilung sollte derart gesteuert werden, daß eine kontinuierliche Kalkauflösung sichergestellt wird, daß eine kontrollierte Menge an Schaumschlacke erzeugt wird und daß der Eisengehalt der Schlacke in einem engen Bereich bleibt. Bild 19 [97] zeigt eine mögliche Definition eines Sauerstoffverteilungskoeffizienten, der mit $\dot{O}_C$ abgekürzt wird. $\dot{O}_C$ steht für den Teil des zugeführten Sauerstoffs, der mit Kohlenstoff reagiert. Der Rest $1-\dot{O}_C$ reagiert mit anderen Elementen, bildet oxidische Schlacke und speichert eventuell Sauerstoff in Form von Eisen- und/oder Manganoxid in der Schlacke.

Bei einem niedrigen Lanzenabstand wird viel Sauerstoff für die Entkohlung verwendet; erst nach dem Abbrand des Kohlenstoffs wird ausreichend Eisen für die Bildung einer Schlacke oxidiert. Hartes Blasen führt zu niedrigen (Fe)-Gehalten und zu Metallspritzern: Bei Usinor-Dünkirchen erscheinen Metallspritzer, wenn der (Fe)-Gehalt in der Blasmitte unter 5 % liegt[98]. Bei einem großen Lanzenabstand wird die Eisenverschlackung begünstigt, die Entkohlung verzögert, und die Schlackenbildung beginnt früh. Ein übermäßig großer Lanzenabstand verursacht jedoch eine starke CO-Verbrennung und einen stärkeren Futterverschleiß infolge der höheren Abgastemperaturen[99]. Die Bilder 2o und 21 zeigen die Zunahme der (Fe)-Gehalte in der Schlacke mit dem Lanzenabstand bei 5o und 1oo % der Blaszeit. Die oberen Gehalte an Eisenoxid in der Endschlacke dürfen Grenzwerte nicht überschreiten, um die Eisenverluste und die Gefahr des Konverterüberschäumens klein zu halten. In Dünkirchen tritt Überschäumen bei (Fe)-Gehalten in der Blasmitte über 14 % auf[98]. Der (Fe)-Gehalt spricht sehr schnell auf eine Änderung der Lanzenstellung an: Spätestens 2,5 min nach Lanzenabstandänderung ist beispielsweise der (Fe)-Gehalt von 8 auf 2o % gestiegen[98]. Für die Erreichung niedriger End-Eisenoxidgehalte wird empfohlen[1oo], das Endblasen so früh wie möglich mit einem sehr kleinen Lanzenabstand (8o cm nach Möglichkeit) ohne Änderung des Sauerstoffstroms und des Lanzenabstandes zu beginnen. Mit dieser Verfahrensweise konnte der FeO'-Gehalt in der Schlacke von 4o auf 25 % vermindert werden. Diese Ergebnisse deuten darauf hin, daß hartes Blasen ungenügende Mischbedingungen im Konverter verbessert. Schon früher wurde gezeigt, daß zusätzliches Rühren die Eisenoxidgehalte in der Schlacke verkleinert, obwohl ein zusätzliches Rühren bereits zu Blasbeginn die Entphosphorung besonders bei relativ kleinen spezifischen Sauerstoffangeboten verschlechtert[1o1].

Nicht nur ein hoher Lanzenabstand begünstigt die Schlackenoxidation, sondern jede Maßnahme, die den Strahl "weicher" macht, da die Impulsstromdichte am Auftreffpunkt die wichtigste Größe ist: Kleinere Geschwindigkeiten bei Tropfenbildung und beim Mischen stellen sicher, daß Sauerstoff für die Eisenverschlackung übrigbleibt, die ihrerseits die Kalkauflösung begünstigt. Daher begünstigen beispielsweise größere Düsendurchmesser, zunehmende Düsenzahlen, kleinere Sauerstoffströme und/oder wachsende Lanzenabstände die Schlackenbildung. Für eine vorgegebene Düse ist der Lanzenabstand aus verschiedenen Gründen das ideale Mittel zur Steuerung des Eisengehaltes in der Schlacke, wie sich aus der nachstehenden Beziehung[97] ablesen läßt:

$$\dot{O}_C = \frac{a_o + a_1 \cdot \dot{V}_{O_2}}{(a_2 + h)^2}$$

Diese Beziehung verknüpft die Sauerstoffverteilung mit dem Sauerstoffstrom $\dot{V}_{O_2}$ und dem Abstand der Lanze vom ungestörten Bad. Die Koeffizienten a_o, a_1 und a_2 hängen von den werksspezifischen Bedingungen ab. Da gewöhnlich a_2 viel kleiner als h ist, hängt die Sauerstoffverteilung linear vom angebotenen Sauerstoffstrom und umgekehrt proportional vom Quadrat des Lanzenabstandes ab. Folglich beeinflussen Änderungen des Lanzenabstandes die Sauerstoffverteilung stärker als Änderungen in $\dot{V}_{O_2}$. Änderungen des Lanzenabstandes haben weitere Vorteile: Das zeitliche Sauerstoffangebot, das den Konverterdurchsatz steuert, kann konstantgehalten werden; Änderungen der Gasstrahllänge führen zu entsprechenden Größenänderungen im Auftreffbereich.

Die Auflösung des Kalks spielt eine wichtige Rolle bei der Schlakkenbildung. Zur schnellen Auflösung des hochschmelzenden CaO sind hohe Eisenoxidgehalte und zusätzlich hohe Temperaturen und intensives Mischen nötig. Das vorige Kapitel machte deutlich, daß der Strahlauftreffbereich ein günstiger Ort für die Erzeugung von Eisenoxiden, intensiver Mischbedingungen und höherer Temperaturen (im Vergleich zum Restbad) ist. Folglich sollte man eine Begünstigung der Schlackebildung dort erwarten, wie es auch beobachtet wird[37,1o2].

Bei Zugabe von gebranntem Kalk zum Bad umgeben sich die Körner innerhalb weniger Sekunden bei Blasbeginn mit einer dichten Schicht aus Dicalciumsilikat (C_2S), wenn die Schlacke mehr als 2o % SiO_2 enthält[81]. Die Natur der C_2S-Schicht hängt von dem Eisengehalt der Schlacke ab. Bei Eisengehalten unter 2o % ist sie dicht, bildet eine Art von Panzer um die CaO-Körner und behindert erheblich die Kalkauflösung. In diesem Zustand ist es unwichtig, ob der Kalk weich oder hart gebrannt wurde; weich gebrannter Kalk rekristallisiert nur zum hartgebrannten Typ. Bei über 2o % Eisen in der Schlacke ist die Silikatschicht weicher und die Lösungsgeschwindigkeit des Kalkes steigt plötzlich, dabei löst sich weich gebrannter Kalk schneller[1o3]. Die Auflösung großer, nicht vorgewärmter Kalkstücke in der Schlacke wird durch eine Schicht anfänglich um die Kalkstücke erstarrter Schlacke weiter verzögert. Der günstige Kalk ist kleinstückig, weich gebrannt und hochreaktiv, der jedoch schneller in Lösung gehen muß als er rekristallisiert.

Durch Probenentnahmen aus Bad und Schlacke mit einer Nebenlanze in einem 5ot-Konverter wurde die Kalkverteilung bestimmt (Bild 22) [37]. Während der ersten 8o % der Blaszeit bleiben 6o bis 3o % des zugesetzten Kalks ungelöst. Der Hauptteil (wahrscheinlich 7o %) des ungelösten Kalks befindet sich in der Nähe der Konverterwand[37], was auf ungünstige Mischungsbedingungen im gesamten Konverterraum hinweist, andererseits aber auch das Futter gegen die frisch entstandene Schlacke aus dem Auftreffbereich schützt, die den Kalk, aber auch das Futter auflösen kann.

Eine mikroskopische Interpretation[1o4] der Kalkauflösung und experimentell abgeleitete Gleichungen[1o5,1o6] für die Kalkauflösegeschwindigkeit in Abhängigkeit von der Schlackenzusammensetzung und der Temperatur stehen zur Verfügung.

Die Kalkauflösung hängt aber auch von der Erzzugabe, der Lanzenführung und der Zeit der Kalkzugabe ab. Da mit zunehmender Verweilzeit des Kalks im Konverter die Menge ungelösten Kalks sinkt, wird empfohlen, die Kalkzugabe zur Hälfte der Blaszeit beendet zu haben[98].

Es gibt nur wenige experimentelle Beobachtungen über die unmittelbare Bildung der Schlacke im Konverter. Schoop u. Mitarbeiter[1o2] nahmen aufeinanderfolgende Proben in der Nähe der Strahlauftreffstelle und fanden entweder erstarrte Stücke von der Restschlacke der früheren Charge oder fast völlig homogene, flüssige Schlakkenvolumina, die neu im Auftreffbereich gebildet worden waren.

Mit Filmaufnahmen im Innern eines 4okg-Konverters wurde beobachtet[37], daß sich während der ersten 25 % der Blaszeit festes CaO nur in der Strahlauftreffstelle löst. Die neugebildete Schlacke hat eine höhere Temperatur und enthält mehr Eisenoxide als die restliche Schlacke.

In den Bildern 23 bis 25 [96,1o5,1o7] werden die Mengenänderungen der flüssigen Schlacke und des gelösten CaO gezeigt. Bis zu etwa einem Viertel der Blaszeit bildet sich die Schlacke hauptsächlich durch Oxidation des Siliciums, des Mangans und des Eisens, später herrscht die Kalkauflösung vor, obwohl bis zu etwa 2/3 der Blaszeit das Gesamtgewicht der Schlacke fast konstant bleibt. Danach steigt das Schlackengewicht wegen des Temperaturanstiegs, der Eisenoxidation und der entsprechend steigenden Kalkauflösegeschwindigkeit. Unterschiede in den Kurven deuten u.a. auf verschiedene Sauerstoffverteilungen (fehlende oder abnehmende Eisenoxide für die Kalklösung oder zum Aufbrechen der C_2S-Schicht) oder unterschiedliche Mischungsbedingungen (Kalk wird nicht schnell genug in den Auftreffbereich gebracht) hin.

Die Schlackenbildung ist keine Voraussetzung für die Entkohlung, wohl aber für die Entphosphorung und Entschwefelung. Beim Einsatz von synthetischen Schlackebildnern wird die Lanze nicht mehr für die Bildung der Schlacke benötigt (bis auf die Ausnahme der Wärmelieferung) und läßt sich für die Entkohlung konzentriert einsetzen. Die Chargenzeit wird dann durch das Schrottaufschmelzen bestimmt[1o8].

Bei Versuchen in einem 13ot-Konverter, bei denen Roheisen nach dem Einfüllen mit Sauerstoff gefrischt wurde, bis seine Temperatur zwischen 155o und 16oo °C lag, und bei denen nach fünf Minuten in den umgelegten Konverter erst dann der Schrott gesetzt wurde, stellte man eine rasche Kalkauflösung und eine beschleunigte Schlackenbildung fest[1o9].

4.2 Schlackenwege

Ein gutes Hilfsmittel für die Verfolgung des Blasverlaufs einer Schmelze ist die Darstellung[4] der Änderungen der chemischen Zusammensetzung der Schlacke (außerhalb des Auftreffbereichs) in einem geeigneten pseudoternären Zustandsdiagramm[11o-115]. Bild 26 [111] zeigt einen typischen Konzentrationsverlauf für Schmelzen mit variablem Lanzenabstand und ohne Restschlacke von der Vorschmelze. Der Lanzenabstand bei Blasbeginn ist ziemlich groß, dadurch wird eine rasche Eisenoxidation und Schlackenbildung ohne weitere Flußmittelzugabe erreicht. Die frühen Schlacken enthalten (neben MnO, Eisenoxiden und MgO) relativ viel SiO_2, sie sind saure Schlacken. Diese Schlacken greifen das Futter stark an und haben eine höhere MgO-Löslichkeit als basische. Infolge des wachsenden Eisenoxidgehaltes in den ersten Blasminuten verringern sich die (relativen) SiO_2-Gehalte. Im Bild 26 beginnt die Schlacke nach etwa 4o % der Blaszeit zu schäumen. Der Lanzenabstand wird dann allmählich verringert. Nach etwa 65 % der Blaszeit erreicht die Temperatur 156o °C und das Schäumen erreicht seinen Höchstwert. Dieser Zeitpunkt stimmt nach den Verfassern mit dem Eintritt der Schlackenzusammensetzung in den Ausscheidungsbereich des C_2S überein. Die Schlacke enthält dann (neben metallischen Bestandteilen und Gas) flüssige Oxide, festen Kalk und festes C_2S. Bei weiter fortschreitendem Blasen sinkt die Entkohlungsgeschwindigkeit, der Eisenoxidgehalt der Schlacke steigt langsam und die Schlacke nähert sich ihrer Endkonzentration, die wesentlich von der zugesetzten Kalkmenge[1o3] und dem Grad der Kalkauflösung (Bild 22) bestimmt wird. Gewöhnlich liegen Abstichschlacken nahe an der Kalksättigung[116]. Verschiedene Schlackenwege werden in Bild 27[111] verglichen. Ohne Restschlacke beginnt die Schlacke mit höheren SiO_2-Gehalten; eine Vergrößerung des Anfangslanzenabstandes schafft am Anfang mehr oxidiertes Eisen in die Schlacke. Der Einfluß des Lanzenabstandes zu Beginn auf den Eisenoxidgehalt ist weiterhin erkennbar, auch wenn die Lanze im weiteren Blasverlauf abgesenkt wird. Die Eisenoxidgehalte nähern sich einander erst gegen Blasende. Mit Restschlacke aus der vorigen Schmelze beginnt die Schlacke mit höheren Eisenoxidgehalten und kleineren SiO_2-Gehalten. Die gleiche Wirkung kann jedoch auch mit einer Mehrlochlanze erreicht werden: Der Schlackenweg beginnt dann ebenfalls mit hohen Eisenoxidgehalten und kleineren SiO_2-Gehalten[79].

In [96,1o5,117,118] sind Beispiele zu finden, wie sich die Schlakkenzusammensetzung entwickeln kann. Einige der Parameter, die den Schlackenweg beeinflussen können, sind die Silicium- und Mangangehalte im Roheisen, mitgelaufene Hochofenschlacke, falscher Lanzenabstand, Düsenerosion, Sauerstoffstrom, Kalkreaktivität.

Für reproduzierbare Frischbedingungen sollte im ersten Blasabschnitt durch die Zufuhr der richtigen Teilmenge Sauerstoff[117] nach Bild 28 ein genau definierter Dicalciumsilikatbereich erreicht werden. Dieses Zielgebiet schließt hohe Eisenoxidgehalte, wo die Schlacke unkontrolliert mit gelöstem Kohlenstoff unter Freisetzen von großen CO-Mengen reagieren kann, die zum Überschäumen führen, und niedrige Eisenoxidgehalte aus, bei denen die Schlacke "trocken", weniger heiß und zur Teilnahme bei der Entkohlung ungeeignet ist. Sobald dieser Idealbereich erreicht ist, kann die Entkohlungsgeschwindigkeit erhöht werden. Der Sauerstoffstrom sollte so eingestellt werden, daß die Bildung der für die Kalkauflösung notwendigen Oxide sichergestellt ist. Das Ende der Kalkauflösung sollte mit dem Maximum der Entkohlung zusammenfallen.

4.3 Schlackeneigenschaften und ihre Beeinflussung

4.3.1 Kalk in Endschlacken

Um die gewünschten Endphosphor-, -schwefel- und -mangangehalte am Abstich zu erzielen, soll die Schlackenzusammensetzung dann an Kalk gesättigt sein. Die Lage der Endschlacken im pseudoternären System (CaO)'-(FeO)'-(SiO_2)' wird in der Hauptsache durch den Kalksatz bestimmt, der jedoch nicht die CaO-Löslichkeit der Schlacke überschreiten sollte. Überschüssiges CaO bleibt fest, ungelöst, macht die Schlacke trocken und teuer. Es ist besser, auf eine vollständige Auflösung des zugesetzten Kalkes hinzuarbeiten, da gewöhnlich nur 75 - 85 % von ihm beim Abstich aufgelöst sind (vgl. auch Bild 17). Mit 5o bis 6o kg Stückkalk/t Roheisen erreicht man den unteren Bereich des heterogenen Dicalciumsilikatgebietes, nur mit 7o bis 9o kg/t werden CaO-gesättigte Endschlacken erreicht (Bild 29 [111]).

Bild 3o faßt verschiedene Ergebnisse für Endschlacken bei verschiedenen Stahlerzeugungsverfahren zusammen[116]. Stets liegen die Punkte nahe der CaO-Sättigung, die in Bild 31 durch Gleichungen für die Systeme CaO-FeO-SiO_2 und CaO-FeO-P_2O_5 beschrieben wird[116]. Endschlacken sollten um 5o % CaO bei einer Basizität zwischen 3,5 und 4,5 aufweisen.

4.3.2 Flußmittel

Flußmittel helfen bei der Schlackebildung, sind CaF_2, Erz, MnO, Al_2O_3, unter gewissen Bedingungen MgO sowie andere und werden zur Begünstigung der CaO-Auflösung benutzt. Bei der Beurteilung der Flußmittel muß ihr Einfluß auf die metallurgischen Gleichgewichte, auf die Kinetik der Reaktionen, auf die Konverterausmauerung und auf die Umweltbedingungen sowie ihre Verfügbarkeit berücksichtigt werden.

Alle Flußmittel bis auf MnO und MgO reagieren mit jedem basischen Material, das sie vorfinden, und finden es entweder im zugegebenen Kalk oder in der Konverterausmauerung[27)]. Der Einsatz von Flußmittel geschieht weitgehend rein empirisch. Ihr Einfluß auf Schlakkenbildung und Entkohlung ändert sich im Lauf einer Charge, so sind beispielsweise frühe Erzzugaben im wesentlichen eine zusätzliche Sauerstoffzufuhr für die Schlacke mit kleiner Wirkung auf die Entkohlung, in der zweiten Blashälfte haben sie eine hauptsächliche Entkohlungsfunktion. Ungefähr 7o % [117)] des Erzsauerstoffs reagiert mit Kohlenstoff. Bei ungenügender Entkohlungsgeschwindigkeit erhöhen Erzzugaben sie. Bild 32 [119)] zeigt, wie Erz- und CaF_2-Zugaben den (Fe^{3+})-Gehalt erhöhen.

Flußspat (CaF_2) ist das gebräuchlichste Flußmittel. Viele andere Stoffe wurden als Ersatz versucht, gewöhnlich waren sie jedoch kein vollwertiger Ersatz oder zu teuer. Zusammenfassungen der Ergebnisse solcher Untersuchungen stehen zur Verfügung[1o8,12o)].

CaF_2 erniedrigt Schmelzpunkte, erniedrigt manchmal die Viskosität, beschleunigt durch Auflösung der Dicalciumdisilikatschicht die CaO-Auflösung und erhöht die Aktivität von (FeO). Es gibt praktisch keine Angaben über die chemischen Gleichgewichte oder Zustandsdiagramme multikomponenter, für die Praxis wichtiger Systeme. Es gibt Hinweise, daß CaF_2 Schwefel aus dem Bad entfernt[121)] und das es keinen Einfluß auf die Schwefelverteilung hat[1o8,122)]. Obwohl ein CaF_2-Zusatz die P-Verteilung zwischen Schlacke und Metall erhöht[122,123], kann CaF_2 bei hochphosphorhaltigen Schmelzen nicht verwendet werden, wenn hoch-P_2O_5-haltige Schlacken gewünscht werden[1o8)]. Bild 33[121)] zeigt den Einfluß von Flußspatzugaben auf die Viskosität einer synthetischen Schlacke. CaF_2 wirkt in kleinen Mengen bei niedrigen Temperaturen recht gut, bei 16oo °C ist seine Wirkung zu vernachlässigen.

Flußspatzugaben bei Blasbeginn reagieren mit Kalk unter Mischkristallbildung[37] oder gehen in den saueren Schlacken möglicherweise über die Bildung gasförmigen SiF_4 verloren[119], wodurch deren Wirksamkeit sinkt. Frühe CaF_2-Zugaben bei noch kleiner Schlakkenmenge haben keinen großen Einfluß auf die Entkohlungsgeschwindigkeit[117]. Da CaF_2 eine flüssige Lösung bilden soll[37], sollte es später zugesetzt werden. Flußspatzugaben während des Anstieges der Entkohlungsgeschwindigkeit verlangsamten den Kohlenstoffabbrand etwas und erlaubten dem Kalk, in Lösung zu gehen. In diesem Zeitpunkt haben Flußspatzugaben den größten Einfluß auf die Schlackenbildung[117]. Nach jüngsten Empfehlungen[98] sollte Flußspat, falls er überhaupt noch zugegeben wird, mit dem Kalk bei Blasbeginn entweder ganz oder portionsweise zugesetzt werden.

Mögliche Reaktionen des CaF_2 mit O_2, $\underline{C}$ und CO werden in [124] angegeben.

4.3.3 Eisenoxide, Badsauerstoffgehalt

In den vorstehenden Kapiteln wurde deutlich, daß die Eisenoxide für den Erfolg des Frischens sehr wichtig sind. Sie stammen in der Hauptsache aus der Verschlackung von Eisen aus dem Roheisen (wo es gerade mit teurem Koks reduziert wurde) und aus Erzzuschlägen. Hohe Eisenoxidgehalte bringen physikalisch-chemische Vorteile bei der Stahlherstellung nach dem Aufblasverfahren und hohe Eisengehalte in der Endschlacke; dies bedeutet jedoch hohe Eisenverluste und Unwirtschaftlichkeit.

Die Änderung der Eisenoxidgehalte in der Schlacke während des Blasens zeigt Bild 34 [125]. Während der (Fe^{3+})-Gehalt ständig ansteigt, zeigt der (Fe^{2+})-Gehalt ein charakteristisches Minimum zur Blaszeitmitte. Der Gesamt(FeO)-Gehalt (ausgedrückt als $(FeO)+o,9(Fe_2O_3)$ in %) erreicht nach 12,5 % der Blaszeit 22 %, ein Minimum von 15 % zur Blasmitte und 26 % bei Blasende. In einer anderen Untersuchung[84] wird der Gesamt(Fe)-Gehalt in der Schlacke mit 35 % nach 12,5 % der Blaszeit, einem Minimum von 5 % zur Blasmitte und 18 % am Blasende angegeben. Ein (Fe)-Gehalt von etwa 1o % in der Blasmitte scheint für ein bestimmtes Werk optimal zu sein[98]. Unter 5 % erscheinen Metallspritzer, über 14 % schäumt die Schlacke über. Bild 35 [126] zeigt, wie die Eisengehalte in der Schlacke im Betrieb streuen können.

Mit zunehmender Eisenoxidation ändern sich die Zustandsflächen im pseudoternären System (CaO)'-(SiO_2)'-(FeO)' (vgl. Bild 36) [115] und die Schlackenbasizität (Bild 32). Die Zustandsflächen verschieben sich mit höheren (Fe^{3+})-Anteilen in Richtung der Randsysteme, damit werden die Anteile an flüssiger Schlackenphase größer; die Auflösung von Kalk und Dicalciumsilikat wird begünstigt. Dadurch erhöht sich das Verhältnis CaO/SiO_2 (Bild 32). Eine Zugabe von o,5 bis 1 t Erz 3 bis 5 Minuten vor Blasende erhöht den (Fe^{3+})-Gehalt, der weitersteigt, wenn 2 bis 3 kg CaF_2/t Stahl zusätzlich gesetzt werden. Allerdings scheinen die dadurch bedingten Erhöhungen der (Fe^{3+})-Gehalte nicht mehr ausreichend Zeit zu haben, durch weitere Kalklösung das CaO/SiO_2-Verhältnis weiter zu erhöhen.

Mit zunehmendem Gesamteisengehalt in der Schlacke steigen die (Fe^{2+})-Gehalte fast proportional, (Bild 37), während die (Fe^{3+})-Gehalte konstanten Werten zustreben[127]. Nach [115] steigen die (Fe^{3+})-Gehalte mit steigenden Gesamteisenoxidgehalten und fallenden (SiO_2)-Gehalten.

Im Schrifttum gibt es Angaben[128,129] über die Aktivität des FeO im Dreistoffsystem CaO-SiO_2-FeO; sie können jedoch nicht mit den Aktivitätsverläufen in LD-Schlacken verglichen werden[13o]. Die Aktivität des Fe(II)-Oxids wurde aus analytisch ermittelten Sauerstoffgehalten von Schmelzen im Gleichgewicht mit verschiedenen LD-typischen Schlacken ermittelt und in Bild 38 aufgetragen[13o]. Vergleicht man diese Aktivitätsverläufe mit den Schlackenwegen, dann scheint die Eisenaktivität in der Schlacke ungefähr konstant zu bleiben. Die FeO-Aktivität von End-LD-Schlakken wurden auf die gleiche Weise aus dem im Bad gelösten Sauerstoff ermittelt[127] und in Bild 39 mit Laborschmelzen verglichen. Diese a_{FeO}-Werte liegen mit einem Mittelwert von o,29 auf der 45°-Linie in Bild 39 und stimmen recht gut mit Bild 38 überein.

Die (FeO)-Gehalte des Bildes 4o wurden in einem 25ot-Konverter ermittelt, der aus einer Vierlochlanze mit Düsenneigungswinkeln von $2o^o$ mit 3 bis 3,5 $m^3 O_2$/t.min geblasen wurde[131]. Nachblasen verschlackt mehr Eisen. Der Einfluß der Strahlhärte wird in einer anderen Untersuchung[132] im gleichen Stahlwerk deutlich: Wenn das spezifische Sauerstoffangebot von 1.3 auf 2,7 m^3/t.min erhöht wurde, verringerte sich die Schlackenoxidation (Bild 41) und auch der Sauerstoffgehalt des Bades, der sich dem Gleichgewicht mit Kohlenstoff nähert (Bild 42). Die wachsende Strahlhärte verbessert das Rühren und Vermischen des Bades und vermindert die Übersättigung des Bades in bezug auf das Gleichgewicht mit Kohlenstoff.

Der Befund in Bild 39 überrascht, da im allgemeinen bei Betriebsschmelzen keine unmittelbare Beziehung zwischen den Gehalten der Schlacke an Eisenoxiden und des Metalls an Sauerstoff zu bestehen scheint[133]. Die Schlacke ist in Abwesenheit verbesserter Rührbedingungen in bezug auf die Stahlschmelze an Sauerstoff übersättigt. Durch gleichzeitige EMK- und Temperaturmessungen in der Schlacke eines 1oot-Konverters am Blasende konnte der Sauerstoffpartialdruck der Schlacke gemessen werden[134]. Er wurde um eine Zehnerpotenz in der Schlacke höher gefunden als im Bad.

Im Stahlbad sind bei Blasende der Kohlenstoffgehalt und die Sauerstoffaktivität sehr eng miteinander gekoppelt, wie aus dem jüngeren, rechten Teilbild in Bild 43 hervorgeht[135]. Die Meßpunkte korrelieren sehr gut mit dem C-O-Gleichgewicht bei höherem Druck (vgl. dazu auch Kapitel 1o).

Die Korrelation wird (bei entsprechender Arbeitsweise) für so gut gehalten, daß mit ihr unabhängig vom Konvertertyp und der Blastechnik die Ermittlung des Badkohlenstoffs über Messung der Sauerstoffaktivität bei gleicher Genauigkeit schneller als über die chemische Analyse möglich ist[136,137].

Im jüngeren Schrifttum werden neben dem überragenden Einfluß des Badkohlenstoffs auf den Sauerstoffgehalt noch andere schwächere Einflüsse diskutiert, wie Temperatur und Mangangehalt des Bades[138], Druckschwankungen im Konverter[133] sowie Temperatur und Mangangehalt des Bades und sehr schwach der Roheisentemperatur[136].

4.3.4 Viskosität und Dichte

Die (scheinbare) Zähigkeit der Schlacke gibt indirekt Auskunft über ihre "chemische Brauchbarkeit": Eine gut flüssige Schlacke begünstigt viele erwünschte Vorgänge, wie z.B. Kalkauflösung, Tropfenentkohlung und Auffangen verspritzter Metallpartikel.

Meßergebnisse an Laborschlacken stehen zur Verfügung, deren Zusammensetzung üblichen Blasschlacken in verschiedenen Blasabschnitten entsprechen. Bild 44[1o5] zeigt Linien gleicher Viskositäten. Die Schlacken der Schmelze (Heat) I entsprechen dem ersten Drittel der Blaszeit und haben eine Temperatur von 14oo ^{o}C, jene der Schmelze II (III) entsprechen dem zweiten (dritten) Drittel der Blaszeit bei einer Temperatur von 15oo (158o) ^{o}C.

Bei den Viskositäten des Bildes 45 [1o6] entsprechen die Zahlen an den Kurven den Schlackenzahlen in der Tabelle des Bildes 46. Die Verfasser haben eine Gleichung entwickelt, die die Viskosität als Funktion der Zusammensetzung beschreibt. Diese Gleichung soll experimentell bestimmte Viskositätswerte industrieller Schlacken eines 25ot-Konverters mit einer Genauigkeit von $\pm$ 15 % wiedergeben.

Die Dichten von Schlackenproben (Kurve 1) und Schlackendispersionsproben (Kurve 2) sind in Bild 47 dargestellt, die während des Blasens aus einem 13ot-Konverter entnommen wurden, der mit 2,2 $m^3 O_2$/t.min bei einer Blaszeit von 26 Minuten geblasen wurde [139]. Die Dichten der Schlacke ändern sich zwischen 3,2 und 3,5 t/m^3 nicht viel; die der Schlackendispersion ändern sich in weiten Grenzen zwischen 1,3 bis 3,1 t/m^3.

5. Emulsionen, Dispersionen und Schaumschlacken

Jüngere Deutungen für die hohen im Aufblaskonverter erzielbaren Prozeßgeschwindigkeiten gründen sich in starkem Maß auf die Bildung einer Schlacke/Metall/Gas/Festpartikel-Dispersion (für einen früheren Hinweis vgl. z.B. [77]).

Der Hauptblasabschnitt beginnt zum Zeitpunkt der Bildung der Metall/Schlacke-Emulsion im großen Maßstab, die zur Vierphasen-Dispersion führt. Eine Schaumschlacke braucht jedoch zu ihrer Entstehung vorher das Vorliegen einer fast völlig flüssigen Schlacke. Das Schäumen der Schlacke beginnt gewöhnlich 5 bis 7 Minuten nach Blasbeginn[77]. Zur gleichen Zeit taucht die Lanzenspitze in die Schlacke ein.

Die Schaumschlacke im Aufblaskonverter ist eine komplexe Mischung aus flüssigen Metalltropfen und Gasblasen, die in flüssiger Schlacke dispergiert sind. In den unteren Bereichen enthält sie größere Metallanteile und geht dort in einen Bereich über, wo Schlackentropfen und Gasblasen in flüssigem Metall dispergiert sind. Zusätzlich sind überall Festpartikel, wie beispielsweise Kalk, dazwischengemischt. Es ist wenig wahrscheinlich, daß es besonders in der Nähe der Auftreffzone eine geometrisch einfache Phasengrenze zwischen Schlacke und Metall gibt[6)] wie etwa zwischen ungestörten Bad- und Schlackenphasen.

Im ersten Blasabschnitt gibt es wegen der geringen Entwicklung der Entkohlung und nicht ausreichender flüssiger Schlacke kein Schlackeschäumen; es gibt jedoch eine gut entwickelte Produktion von Tropfen und deren Vermischung mit bereits gebildeten Oxiden, d.h. die Bildung einer Schlacke/Metall-Emulsion zumindest in und um die Auftreffbereiche. Die Produktion von Tropfen (und deren Größenverteilung) geschieht jedoch noch nicht in einer solchen Form, daß aller eingeblasener Sauerstoff mit dem Kohlenstoff reagiert (weiches Blasen). Restlicher Sauerstoff reagiert beispielsweise mit Silicium, Mangan und Eisen und produziert je nach Tropfengröße Oxidschichten an der Tropfenoberfläche oder völlig durchoxidierte Tropfen. Damit werden "Schlackenverflüssiger", Schlackenteilchen und die für die Bildung einer flüssigen Schlacke notwendige Wärme erzeugt und durch die aus den Strahlauftreffbereichen ausströmenden Metall- (oder Oxid-)Tropfen zur bereits gebildeten Schlacke gebracht. Die Ansammlung von Schlackenpartikeln, von mit Oxiden bedeckten Metalltropfen, von Kohlenstoff und Sauerstoff in der sich bildenden Schlackenphase und die Bildung einer Schlacke/Metall/Gas-Dispersion geht weiter. Die Schlackenmenge wächst. Tropfen, die nicht völlig oxidiert sind, nehmen schnell Sauerstoff auf, sobald sie mit einer Schlacke mit hohem Oxidationspotential in Berührung kommen. Dadurch entstehen weitere Oxide und CO. Sobald die zum Schäumen ausreichende Schlackenmenge gebildet ist, beginnt die Schlacke zu schäumen und im Konverter zu steigen. Jetzt werden Gegenmaßnahmen von außerhalb des Konverters nötig: Gewöhnlich wird die Lanze tiefer gefahren, wodurch auch jener Sauerstoffanteil, der bei großem Lanzenabstand (hauptsächlich) an Eisen ging, dem gelösten Kohlenstoff zugeführt wird. Die Oxidation der anderen Roheisenbegleiter, soweit noch im Bad vorhanden, läuft weiter.

Um die Mitte der Blaszeit bestehen die günstigsten Bedingungen für das Schlackeschäumen: Die vorherige Sauerstoffzufuhr bei großem Lanzenabstand hat die Schlacke mit Eisenoxiden angereichert, der jetzige kleinere Lanzenabstand verursacht intensiveres Mischen und hohe Erzeugung von Tropfen, die in die Schlacke geschleudert werden, wo ihr Kohlenstoff mit den Eisenoxiden der Schlacke unter CO-Erzeugung reagiert. Die Hauptquelle der gasförmigen, dispergierten Phase während der Schaumbildung ist CO, das innerhalb der Schlacke freigesetzt wird. Die Schaumbildung wird von einer Abnahme des Metallbades und einer Zunahme des Schlackenvolumens begleitet. Die Schlacke schäumt, sobald die Bedingungen für die Ansammlung von Gasblasen in der Schlacke förderlich sind[14o]. Das im Auftreffbereich oder an der Grenzfläche Restmetallbad/Schlacke gebildete CO spielt nur eine untergeordnete Rolle, dieses CO verursacht kein Schlackeschäumen[79]. CO aus dem Auftreffbereich passiert die Schaumschlacke in einem Kanal (vgl. auch Kapitel 7.32).

Nach etwa 8o % der ganzen Blaszeit verringert sich das Schlakkeschäumen infolge des abnehmenden Kohlenstoffgehaltes des Bades und der Tropfen sowie infolge Änderungen in der Viskosität und der Zusammensetzung der Schlacke.

Problematisch beim Schlackeschäumen sind neben anderen Dingen: Beginn und Steuerung. Unterschiede im Schäumbeginn verursachen die Unterschiede von Charge zu Charge beim Frischen. Die Steuerung des Schlackeschäumens ist ein schwieriges Problem des Konverterbetriebes: Zu starkes Schäumen verursacht Überlaufen, unzureichendes Schäumen weist auf eine trockene Schlacke mit schlechter Phosphor- und Schwefelentfernung hin.

Vorstehend wurden die Ausdrücke "Emulsion, Dispersion und Schaum" benutzt. Da deren Definition im Schrifttum nicht immer einheitlich gehandhabt wird, soll hier folgendes gelten[121,141]: Die übliche Definition für eine Emulsion -Verteilung einer flüssigen Phase in Tropfenform in einer anderen derart, daß die Abstände zwischen den dispergierten Tropfen so groß sind, daß im Prinzip eine unabhängige Bewegung der Tropfen möglich bleibt- bezieht sich auf ein System mit mindestens zwei flüssigen Phasen. Daher wird für ein System, das nicht nur dispergierte flüssige Phasen,sondern auch nichtflüssige Phasen enthält (wie es im Aufblaskonverter der Fall ist), der Ausdruck "Dispersion" gebraucht und die beteiligten Phasen mit aufgeführt wie z.B. bei einer Metall/Gas/Festpartikel/Schlacke-Dispersion.

Die Definition für einen Schaum, wonach er aus so vielen Gasblasen in einer Flüssigkeit besteht, daß der Gasvolumenanteil sehr hohe Werte erreicht und die Flüssigkeit nur noch als Oberflächenfilm vorliegt, ist recht eng, da sie weitere dispergierte Partikel ausschließt. Aus diesem Grund wird folgende Definition bevorzugt: In einem Schaum ist die durchgehende Phase nur als dünner Film zwischen den dispergierten Teilchen vorhanden.

Die wichtigste Folge einer weitgehenden Aufteilung einer Phase und ihrer Verteilung in einer anderen Phase ist die entsprechende Zunahme der Grenzfläche zwischen beiden Phasen, die zu einer erheblichen Erhöhung der Stoff- und Energieübergangsgeschwindigkeit führt[77)].

Aus den vorstehenden Bemerkungen wird deutlich, daß zwei Dinge nicht verwechselt werden sollten: a) Eine Metall/Schlacke-Emulsion (oder besser eine Metall/Gas/Festpartikel/Schlacke-Dispersion) mit b) einer Schaumschlacke. Obwohl a) der Ausgangspunkt und die Voraussetzung für b) ist und a) einen Teil von b) bildet und obwohl es sogar schwer sein kann, zwischen beiden klar zu entscheiden, besteht trotzdem ein Unterschied: Nicht jede Metall/Schlacke-Emulsion (oder Dispersion) ist eine Schaumschlakke (kann jedoch zu ihr führen). Dieser Unterschied wird auch in der Fahrweise großer Konverter deutlich[142)]: Bei geringen Frischgeschwindigkeiten kann mit Schaumschlacke gearbeitet werden, die das freie Konvertervolumen weitgehend ausfüllt. Bei hohen Frischgeschwindigkeiten ist eine solche Schlacke nicht mehr beständig und nicht mehr beherrschbar, daher muß dann in den verschiedenen Blasabschnitten mit vorher festgesetzten Sauerstoffmengen und Lanzenhöhen nach Plan gefahren werden, die dank des hohen Sauerstoffimpulses[136)] jedoch weiterhin zur Entstehung einer Metall/Gas/Festpartikel/Schlacke-Dispersion führen.

Man kennt[121)] stabilisierende Faktoren für schäumende Schlacken wie wachsende Schlackenviskositäten, sinkende Grenzflächenspannungen, Gegenwart fester Teilchen, selbst die Flotation des Metalls in der Schlacke[143)]; der wichtigste stabilisierende Faktor jedoch ist eine starke CO-Entwicklung innerhalb des Schaums.

Es sieht so aus, als ob FeO-reiche und CaO-arme Silikatschlacken flüssiges Eisen besser emulgieren als Schlacken mit einem hohen CaO/SiO_2-Verhältnis und als ob im allgemeinen das gleichzeitige Vorhandensein von FeO und SiO_2 bei wenig oder keinem CaO ein wichtiger Faktor für eine wirkungsvolle Metallemulgierung durch homogene Schlacke ist[121)]. Aus diesem Grund verlieren Endschlakken ihre Metalltropfen schnell.

Die Ausdehnung schäumender Schlacken wurde theoretisch[144-146)], mit Modellversuchen[68,147)] und halbempirisch[148)] untersucht.

Zur Ermittlung quantitativer Daten über die Schaumstabilität wurde die Absetzgeschwindigkeit von Metalltropfen gemessen[143]. Metall- und Schlackenproben wurden aus einem 14ot-Aufblaskonverter entnommen, in den bei einer Blaszeit von 26 Minuten 2,3 $m^3 O_2$/t.min eingeblasen wurden und der alle drei Minuten umgelegt wurde. Dabei wurden jedes Mal drei bis fünf Schlackenproben genommen. Die erste Probe wurde etwa eine Minute nach Blasunterbrechung entnommen, ihr Metallgehalt wurde zu 1oo % gesetzt. Die Viskosität der Schlacke wurde mit einer Schrifttums-Gleichung berechnet; die berechneten Werte zwischen 24 und 48 $g.m^{-1}.s^{-1}$ stimmten mit experimentellen Daten überein. Bei Blasbeginn, wo die Temperatur niedrig und der SiO_2-Gehalt am höchsten sind, wurde die größte Schlackenviskosität beobachtet (Bild 48). Die Abnahme bei Blasende wurde durch den Temperaturanstieg und den Oxidationsgrad erklärt. Die Tropfenabsetzgeschwindigkeit blieb im Bereich geringer Änderungen der Schlackenviskosität und der Grenzflächenspannung praktisch konstant bei etwa 1o %/min und stieg am Blasende steil an, als eine Schlacke mit minimaler Zähigkeit sich bildete und die Entkohlung geringer wurde.

In einem 1oot-Konverter[149] wurde beobachtet, daß am Blasende im umgelegten Konverter das Absetzen der Tropfen aus der Schlacke und die Reaktion mit der darüberliegenden Schlacke zu einer Metallschicht in der Nähe der Grenzfläche führt, die einen etwas kleineren Kohlenstoffgehalt hat. Die Dicke dieser Schicht beträgt etwa 6o mm. Da diese Dicke bei dem 1oot-Konverter etwa 1o - 12 t Stahl entspricht, waren gegen Blasende etwa 1o % des Metalls in der Schlacke dispergiert.

Aus Versuchen mit Kaltmodellen wird geschlossen[15o], daß der Übergang eines Metalltropfens über die Schlacke/Metall-Grenzfläche mit der Emulgierung einer gewissen Schlackenmenge im Metall verbunden ist, die von der Schlackenhülle stammt, die den übergehenden Tropfen umgibt. Diese Hülle ist instabil und reißt schnell auf, worauf der Metalltropfen sich im Bad löst und die Schlackenhülle ein in der Metallphase dispergierter Schlackentropfen wird.

Durch unmittelbare Beobachtungen von oben in einem 4okg-Konverter[37] fand man, daß eine Minute nach Blasbeginn die Kalk-Walzzunder-CaF_2-Mischungen fast gleichmäßig über die Badoberfläche verteilt und von einer Schaumschlacke bedeckt waren, die aus der

Strahlauftreffstelle hervortrat. Acht Minuten nach Blasbeginn bei maximaler Entkohlung bedeckte eine schäumende Schlacke das Metall, sie reicht bis weit über das untere Lanzenende. Die Fluidität der Schlacke war recht klein. Während der letzten 1o % der Blaszeit sank der Schlackenspiegel; sobald er sich unterhalb des Lanzenendes befand, wurde Schlacke in den Strahl gezogen und die Höhe der Schlacke um die Lanze verringerte sich schnell. Das Einziehen der Schlacke in den Strahl ließ den ungelösten Kalk öfter durch den Strahlauftreffbereich passieren. Die Verfasser[37] berichten auch, daß mit steigender Eisenoxidbildung die aus dem Auftreffbereich sprühende Tropfenmenge abnahm. Unabhängige Beobachtungen[151] durch ein Quarzfenster in einem 6okg-Konverter bestätigen im wesentlichen die vorstehenden Beobachtungen; sie erwähnen jedoch auch die Bildung von CO-Blasen im Metall unterhalb der Schlacke.

Der Beginn des Schäumens hängt von der Zahl der Schmelzen im gleichen Futter und von der Lanzenhöhe ab (Bild 49). In einem jüngeren Futter und bei einem größeren Lanzenabstand beginnt das Schäumen früher[1o7].

Stoffübergangskoeffizienten in dispergierten Systemen wurden zusammengestellt[141] und auf die Periode des Schlackeschäumens angewendet[77].

Bei der Reaktion von Metalltropfen in Schlacke wurden deutliche Änderungen in der Grenzflächenspannung beobachtet. Dieser Effekt ändert die Tropfenform und kann bei Abnahme der Grenzflächenspannung die Reaktionsgeschwindigkeiten durch Stabilisierung der Emulsion und Verkleinerung der Tropfen vergrößern. Durch das Entstehen örtlicher Konzentrationsgradienten in der Grenzfläche können diese Geschwindigkeiten durch die Grenzflächenturbulenz weiter erhöht werden[151a]. Nähert sich die ablaufende Reaktion ihrem Gleichgewicht, stellen sich die höheren Gleichgewichts-Grenzflächenspannungen wieder ein und begünstigen den Zerfall der Emulsion[121].

Bei Reaktion einzelner Fe-C-Tropfen in oxidierenden Gasmischungen und mit kontinuierlichen Messungen der Grenzflächenspannung fand man[152], daß die Grenzflächenenergie trotz der Grenzflächenentkohlung des Metalls ihren hohen Wert beibehielt (Bild 5o). Der Kohlenstoff in der Grenzfläche Metall/Gas schützt das Metall für eine gewisse Zeit gegen Oxidation. Beim kritischen Kohlenstoffgehalt fällt die Grenzflächenspannung, und die Tropfenoberfläche wird deutlich oxidiert.

6. Temperaturen des Bades und der Schlacke

Die exotherme Oxidation des Fe, Si, Mn, C und P produziert Wärme, die u.a. dazu benutzt wird, Schrott zu schmelzen und die Temperatur des Bades und der Schlacke zu erhöhen. Kühlmittel wie Schrott, Roheisenmasseln, Eisenschwammbriketts, Erz oder Kalk sorgen für den Ausgleich der Wärmebilanz. Das Verhältnis zwischen Roheisen- und Schrottgewicht bestimmt im wesentlichen den Energiehaushalt einer Schmelze.

Beispiele für Temperaturen des Bades und der Schlacke werden in den nachstehenden Bildern vorgestellt. Bei diesen Temperaturen wird von den Autoren im allgemeinen intendiert, daß es sich dabei (trotz örtlicher Messungen) um für die ganze Phase repräsentative Werte handelt.

Die Badtemperaturen in Bild 51 [1o7] wurden in der Nähe der Konverterwand in etwa halber Badhöhe mit einem Thermoelement ermittelt. Die Lanzenhöhe beeinflußt die Badtemperatur. Bild 52 [153] zeigt den Verlauf der Badtemperatur in einem 145t-Konverter aus fünf Schmelzen mit veränderlicher Sauerstoffzufuhr (in den ersten fünf Minuten 45o - 5oo m^3/min, Rest mit 4oo m^3/min, gestrichelte Kurven) und aus 3o Schmelzen mit konstanter Sauerstoffzufuhr (rund 35o m^3/min, ausgezogene Kurven). Die Temperaturen in Bild 53 [37] wurden in einem 5ot-Konverter mit einer Meßlanze gemessen, jene in Bild 54 [154] im umgelegten 35ot-Konverter. Die mit Tauchthermoelementen in einem 13ot-Konverter gemessenen Badtemperaturen des Bildes 55 zeigten, daß sie bei den verschiedenen spezifischen Sauerstoffangeboten durch lineare Funktionen beschrieben werden konnten [155], aus denen eine Formel

$$\vartheta\,(^{o}C) = 1173{,}4 + 42{,}82i + 11{,}98t.i^{o,253} \quad \text{mit t in min und i in } m^3 O_2/t.min$$

zwischen der Badtemperatur, der Blaszeit und des spezifischen Sauerstoffangebotes abgeleitet wurde. Diese Formel kann für Betriebsrechnungen ab der dritten bis fünften Blasminute verwendet werden.

Während die Temperaturmessungen für das Bad großer Konverter Übereinstimmung über fast lineare Anstiege mit der Zeit zu zeigen scheinen, gibt es keine solche Übereinstimmung hinsichtlich der Schlackentemperaturen (Bilder 51, 53 und 54). In Bild 51 erreicht die Schlackentemperatur, die in einem 4ot-Konverter mit Tauchelementen gemessen wurde, bereits nach den ersten Blasminuten konstante Werte, die bis zu 3oo° über der Badtemperatur liegen. Mit fortschreitendem Blasverlauf verringerte sich dieser Temperaturunterschied mit steigender Badtemperatur. Der Wärmeinhalt der Restschlacke aus der vorhergehenden Schmelze verursachte eine höhere Schlackentemperatur[1o7]. In den Bildern 53 und 54 ist die Schlackentemperatur zwar ebenfalls höher als die Badtemperatur, sie folgt jedoch in gleichbleibendem Abstand von etwa 5o° der Badtemperatur. Die Schlackentemperaturen des Bildes 56 [87] steigen ebenfalls linear mit der Blaszeit an.

Diese Unterschiede in den Schlackentemperaturen hängen sicher von dem gewählten Schlackenweg ab. Die Temperaturen des Bildes 51 gehören zu einer Schlacke, in der eine hoch oxidierte, basische Schlacke bereits in den ersten Blasminuten erzeugt werden sollte.

Die im Vergleich zum Bad höheren Schlackentemperaturen sind ein sicheres Indiz dafür, daß in der Schlacke Oxidationsreaktionen ablaufen müssen und daß im Konverter zumindest thermische Ungleichgewichte bestehen.

7. Ungleichgewichte bei Metall und Schlacke

7.1 Badbewegung

Das Strömungsfeld im Bad während des Frischens ist unbekannt. Es scheint sehr unwahrscheinlich zu sein, daß irgendeine gut ausgebildete Zirkulationsbewegung im Bad beständig sein kann[6], besonders in Gegenwart von ungelöstem Schrott. Es gibt jedoch mehrere Berichte[29,44,48,56,86,156] im Schrifttum, nach denen die Badbewegung in der Mitte aufwärts und radial nach außen, an der Konverterwand nach unten und in den unteren Teilen des Bades nach der Mitte gerichtet ist (vgl. auch Bilder 9 und 1o).

Das Ausmaß, in dem das Bad durch den Strahlimpuls und durch die entstehenden CO-Blasen gewührt wird, ist nicht genau bekannt. Die allgemeine Meinung besteht[157], daß die CO-Entwicklung die dominierende Rolle während fast der ganzen Blaszeit spielt, wie auch die sehr träge Badbewegung bei sehr niedrigen Badkohlenstoffgehalten beweist. Diese Ansichten, die sich auf das ganze Bad beziehen, schließen nicht aus, daß örtlich gute Vermischungen stattfinden, wie es die bereits beschriebene Beobachtung in einem 4okg-Konverter zeigt, daß mit abnehmender Entkohlung gegen Blasende die Schlacke in den Strahl gezogen wird[37].

7.2 Konzentrations- und Temperaturgradienten

Im Schrifttum scheint es widersprüchliche Beobachtungen über solche Gradienten zu geben; manchmal werden keine[9o,158-16o] gefunden, besonders in großen Konvertern und außerhalb der Reaktionszonen, manches Mal werden sie beobachtet[29,86,156,16o-162], dabei häufig in kleinen Konvertern. Ausgeprägtere Gradienten wurden bei weichem Blasen und innerhalb oder in der Nähe der Strahlauftreffstellen gefunden. Chemische und thermische Gradienten, die bei weichem Blasen auftreten, können bei härterem Blasen stark verkleinert werden[156]. Chernyatevich u. Mitarbeiter[44] beobachten am Heißmodell 8o bis 1oo^{o} höhere Temperaturen in den oberen Badteilen, innerhalb derer die aus der Strahlauftreffstelle austretenden Badvolumina zirkulieren. Da die Umlauftiefe ungefähr der Strahleindringtiefe zu entsprechen scheint, empfehlen die Verfasser[44] für die Betriebspraxis eine Strahleindringtiefe, die mit der Höhe des ungestörten Bades zu vergleichen ist. Durch unmittelbare Messungen[161,162] wurden in der Nähe der Grenzfläche Bad/Schlacke im Vergleich zum Badinnern höhere Temperaturen und niedrigere Kohlenstoffgehalte gefunden.

Recht große Mischzeiten für das Bad zeigen die Versuchsergebnisse des Bildes 57 [87]. 2oo kg Nickelgranalien oder des Isotops Co^{6o} wurden zu 1oo bis 13ot-Konverterschmelzen, die mit 2 $m^3 O_2$/t.min beaufschlagt wurden, gegeben und Proben während des Blasens aus dem Bad entnommen. Die Verteilung der Spurenelemente wird erst gegen Blasende gleichmäßig. Versuche[86], bei denen radioaktives Gold mit dem Sauerstoffstrahl in einen 6t-Konverter eingeblasen und anschließend an verschiedenen Orten zu verschiedenen Zeiten Proben aus dem Bad entnommen wurden, zeigten, daß selbst nach 125 s noch keine gleichmäßige Verteilung des Goldes erzielt war.

Die Beobachtung[149] in einem 1oot-Konverter, wonach am Blasende im ungelegten Konverter das Absetzen der Tropfen aus der Schlacke und die Reaktion mit der darüberliegenden Schlacke zu einer

Metallschicht mit etwas kleinerem Kohlenstoff in der Nähe der Grenzfläche führt, zeigt deutlich, daß Diffusion und natürliche Konvektion nicht ausreichen, schnelles, vollständiges Vermischen bei Abwesenheit von strahl- oder CO-Blasen-induzierten Strömungen sicherzustellen.

In Bild 58 werden die in einem 24ot-Konverter mit zwei Meßlanzen gleichzeitig gemessenen Badkohlenstoffgehalte und -temperaturen gezeigt. Maximale Unterschiede von o,o15 % C und 4o^{o} zwischen zwei Badorten wurden gefunden. Zwischen beiden Unterschieden besteht eine lineare Beziehung. Diese Ungleichmäßigkeiten können durch die Bewegung flüssigen Stahls, der an der Strahlauftreffstelle entkohlt und stark überhitzt wurde, verursacht werden[16o)]. Messungen über die Badhöhe ergaben fast gleiche Kohlenstoffgehalte und Temperaturen bei Badtiefen über 7oo mm unter dem Badspiegel (Bild 59). Die Temperaturunterschiede in vertikaler Richtung sind kleiner als die in der Horizontalen.

Diese Befunde deuten darauf hin, daß es keine vollständige Homogenität des ganzen Bades zu jedem Zeitpunkt des Blasens gibt. Die Größe der Ungleichmäßigkeiten ist das Ergebnis der kombinierten Wirkung der örtlich produzierten Wärme und des örtlichen Fortschrittes der chemischen Reaktionen, der Bewegungen des Bades, der Tropfen und der Schlacke sowie der Intensität des Badrührens. Daher ist es gut möglich, daß bei einer hohen Rührintensität und/oder kleinen Fortschritten der chemischen Reaktionen keine Gradienten gefunden werden.

Die Intensität des Badrührens hängt von der Wirkung des Strahls und der aufsteigenden CO-Blasen ab. Die natürliche Konvektion, die durch Dichteunterschiede infolge Temperatur- und/oder Konzentrationsunterschiede erzeugt wird, kann vernachlässigt werden.

Die im Bad vorhandenen Gradienten können durch ein zusätzliches Rühren des Bades mit Argon in einer Menge von o,5 bis 1 % der gesamten produzierten CO-Menge ausgeglichen werden; dadurch wird gleichzeitig indirekt gezeigt, daß ein Kochen am Boden oder am Futter praktisch nicht existiert[86)]. Die Tatsache, daß ein weicher Strahl das Bad nicht genügend rührt, wurde auch beim Vakuumfrischen festgestellt[163)]: Die Sauerstoffbeaufschlagung des Bades mit o,4 $m^3 O_2$/t.min genügt nicht für ein ausreichendes Mischen des Bades, daher muß zusätzlich mit Argon gerührt werden.

Die Bedeutung einer ausreichenden Rührkapazität wird durch den jüngsten Erfolg der kombinierten Blas- und Spülverfahren belegt (vgl. auch Kapitel 1o).

Neben den beobachteten Gradienten im Bad bestehen auch in der Schlacke Ungleichgewichte hinsichtlich Konzentration (und wahrscheinlich Temperatur), wie es durch Probenahme mit einem Stab gezeigt wurde[164].

8. Frischen

Das Frischen ist im wesentlichen die Umwandlung des Roheisens mit einem Gesamtgehalt von rd. 1o Gew.-% an C + Mn + Si + P in Stahl mit einem Gesamtgehalt an den gleichen Elementen von rd. 1 Gew.-%. Während des Frischens wird gleichzeitig die Schlacke gebildet und Zuschläge für die Erreichung der gewünschten Zusammensetzung von Metall und Schlacke zugegeben.

Die Hauptziele des Frischens bestehen darin, den Kohlenstoff so rasch wie möglich auf den vorgeschriebenen Analysenwert zu bringen, dabei aber genügend Zeit zu lassen, um die richtige Schlakke zu bereiten, die gewünschte Abstichtemperatur zu erreichen und die Phosphor- und Schwefelgehalte in sicherem Abstand unter die vorgeschriebenen Analysenwerte zu bringen.

Als Beispiel wird in Bild 6o [96] der übliche zeitliche Ablauf der Frischreaktionen dargestellt. Die Kurven wurden an einem 1oot-Konverter mit einem spezifischen Sauerstoffangebot von 2,17 m^3/t.min ermittelt. Die Gehalte an C, Si und S nehmen stetig mit der Zeit ab, wenn auch mit verschiedenen Geschwindigkeiten. Die Gehalte an Mn und P zeigen eine Umkehrung.

Obwohl große Konverter erfolgreich betrieben werden, sind alle Details, wie nun genau der Sauerstoff sich mit C, Si, Mn, P und Fe verbindet, noch nicht bekannt. Daher kann man gut verstehen, daß verschiedene Vorstellungen darüber existieren. Walker und Anderson[94] sowie Ajit[165] geben in ihren Übersichtsberichten auch kurze Abrisse über die verschiedene Bedeutung, die verschiedene Autoren dem zuschreiben, was ihrer Meinung nach die Hauptrolle spielt.

Beispielsweise wurden nacheinander zwei alternative Erklärungen für die Vorgänge am Auftreffpunkt des Sauerstoffs auf das Bad vorgeschlagen. Nach der ersten sollte der Strahl ein geometrisch klar darstellbare, stabile Vertiefung erzeugen, in der der Sauerstoff ins Bad übertrat. Die hohe Geschwindigkeit der Frischreaktionen wurde durch einen sehr starken, örtlichen Temperaturanstieg infolge der exothermen Oxidationsreaktion in einer kleinen Grenzfläche erklärt (vgl. auch Kapitel 3.2). Nach der zweiten Deutung erzeugt der auftreffende Strahl direkt und indirekt eine Metall/Gas/Festpartikel/Schlacke-Dispersion mit einer sehr großen, kaum definierbaren Grenzfläche.

Die zu frischenden Elemente reagieren mit Sauerstoff oder Sauerstoffträgern (wie beispielsweise CO_2, Fe_2O_3), wo sie sie finden. Daher ist es zusammen mit dem, was in den vorausgehenden Kapiteln gesagt wurde, klar, daß das Frischen an vielen Orten stattfinden kann, so zum Beispiel

- innerhalb der Strahlen
- unmittelbar unter den Strahlen
- in der Krater-Emulsion oder der Krater-4Phasen-Dispersion
- in einer Schlacke/Metall-Emulsion im Bad
- in einer Metall/Schlacke-Emulsion oberhalb des Bades
- im Schlackenschaum zwischen Tropfen und oxidierender Schlacke
  zwischen Tropfen und oxidierendem Gas
- entlang des Weges des ausströmenden Gases
- in der Atmosphäre über Bad (und Schlacke)
- an der Grenzfläche zwischen oxidierender Schlacke (oder oxidierendem Gas)
  und Eisen in einiger Entfernung vom Krater
- an der feuerfesten Ausmauerung

Die Aufteilung der Gesamtreaktion auf diese Orte wird jedoch während der verschiedenen Blasabschnitte ganz unterschiedlich sein. Weiterhin werden die jeweiligen Beiträge dieser Orte zum gesamten Frischen verschieden sein.

8.1 Siliciumabbrand

Der Siliciumgehalt des Roheisens ist wahrscheinlich der wichtigste chemische Faktor, der die Anteile der verschiedenen Einsatzstoffe beeinflußt. Die exotherme Si-Oxidation erzeugt einen Großteil der Prozeßwärme. Höhere Si-Gehalte sollten daher höhere Schrottsätze erwarten lassen. Es wird jedoch auch mehr SiO_2 erzeugt, was höhere Kalksätze, eine längere Schlackenbildungsdauer, eine stärkere Eisenverschlackung und zusätzlichen Wärmeaufwand erfordert.

Günstige Si-Gehalte liegen zwischen o,6 bis o,75 %. Obwohl Si-Gehalte unter o,3 % zu schlechten Blasbedingungen, Verspritzen und zuwenig Prozeßwärme führen sollen[157], werden in Japan bei hohen, prozentualen Roheiseneinsätzen in den Konverter Siliciumgehalte um o,2 % und Roheisentemperaturen um 15oo °C in der Abstichrinne angestrebt[166].

Silicium wird vom Blasbeginn an schnell oxidiert. Nach etwa 25 % der Blaszeit ist der Siliciumgehalt auf die üblichen Restwerte abgesunken. Die Oxidation des Siliciums kann empirisch als eine Reaktion erster Ordnung betrachtet werden[37,96]. Während des Siliciumabbrandes ist die Kohlenstoffoxidation ziemlich träge; diese Trägheit tritt nicht auf, wenn kein Silicium vorhanden ist. Bei einem sehr niedrigen Siliciumgehalt ist in einem 2,5t-Konverter von Blasbeginn an die Entkohlungsgeschwindigkeit hoch[167]. Diese Beobachtung wurde später in einem 6t-Konverter bestätigt[86].

In Laborversuchen wurde der Einfluß des Siliciums auf die Entkohlung mit frei fallenden[168,169] und schwebenden[34] Fe-C-Si-Tropfen und durch stetige automatische Verfolgung der Badgewichtsveränderungen in einem 4omm-Tiegel[17o] untersucht, der mit einem spezifischen Sauerstoffangebot von 3,5 m^3/t.min beaufschlagt wurde. Bei Sauerstoffzufuhr bildete sich ein SiO_2-Film, der im Strahlzentrum beträchtlich dicker wurde und den Abbrand von Silicium und Kohlenstoff verzögerte. Der Siliciumabbrand wird durch das Sauerstoffangebot kontrolliert[17o]. Hochgeschwindigkeitsfilmaufnahmen von schwebenden und fallenden Tropfen[34,168,169] ergaben, daß bei Tropfen mit hohem Kohlenstoffgehalt eine siliciumhaltige Oxidschicht hoher Emissivität sich bildete und in 3 bis 4 ms über die ganze Oberfläche ausbreitete. Ungefähr 2 ms später brachen CO-Blasen durch die Oberfläche; das Material, das diese Blasen auswarfen, bildete durch Reaktion mit Sauerstoff braunen Rauch. Die Schlackenschicht wurde durch das austretende Gas zum Schäumen gebracht. Mit fortschreitender Reaktion vergrößerte sich der Tropfen und weiteres Material wurde in unregelmäßiger Weise ausgestoßen. Bei Fe-1%C-Si-Tropfen waren die Anfangsstadien gleich; diese Tropfen explodierten jedoch nach sehr kurzen Reaktionszeiten, während der die Bildung von CO-Blasen unter der Tropfenoberfläche in der Intensität zunahm.

Auch bei in Sauerstoff fallenden Fe-Si-Tropfen wurde während der ersten 2oo ms die Ausbildung einer Schlacke auf der Tropfenoberfläche beobachtet, die die Geschwindigkeit der Sauerstoffabsorption drastisch verringerte. Die Schlacke enthält Eisen- und/oder Legierungselementoxide[171,172].

Im Hinblick auf diese Ergebnisse muß auch im Konverter die Bildung von Oxidfilmen erwartet werden, die jedoch die hohe Abbrandgeschwindigkeit des Siliciums nicht zu verzögern scheint. Entweder sind die Erzeugung neuer Tropfen und ihr Durchsatz durch die Stufen oxidierendes Medium-Bad-Tropfen so hoch und/oder die durch den Strahl und das Kochen unter der Tropfenoberfläche erzeugten Turbulenzen sind so groß, daß diese Oxidfilme mit einer Geschwindigkeit zerstört werden, die mit der ihrer Bildung vergleichbar ist.

Die Bildung der Oxidschicht zeigt an, daß örtlich (nicht überall!) die Geschwindigkeit der Sauerstoffzufuhr zur Oberfläche größer war als die der Kohlenstoffdiffusion zur gleichen Stelle.

Es ist anzunehmen, daß die Oxidation des $\underline{Si}$ erst möglich ist, wenn der $\underline{C}$ soweit abgesunken ist, wie es dem örtlichen Gleichgewicht zwischen $\underline{Si}$, $\underline{C}$, (anderen Elementen) und $\underline{O}$ entspricht. Ein experimenteller Beweis für einen kritischen Kohlenstoffgehalt, bei dem die Siliciumoxidation beginnt, wurde mit $Ar-O_2$-Mischungen gefunden, die auf Fe-1%C-0,5%Si-Schmelzen geblasen wurden[173]. Bild 61 zeigt das berechnete Gleichgewicht zwischen $\underline{Si}$, $\underline{C}$ und Silikat (-Einschlüssen) für 15oo °C im System Fe-C-Si-Mn-O. Bei einer Untersuchung[174] der Oxidation von schwebenden Roheisentropfen mit hohem Phosphorgehalt wurde festgestellt, daß zwischen 15oo und 155o °C Silicium erst dann oxidiert wird, wenn der Tropfenkohlenstoffgehalt unter o,5 % gefallen ist. Bei Tropfentemperaturen von 17oo °C wird Silicium sofort oxidiert. Dieses unterschiedliche Verhalten wird mit der Temperaturabhängigkeit der Stabilität des Siliciummonoxids erklärt.

8.2 Manganabbrand

Versuche zur Festlegung wünschenswerter Mangangehalte im Roheisen in verschiedenen Werken führten zu widersprüchlichen

Schlußfolgerungen wie beispielsweise in[175,176]. Im allgemeinen begünstigen hohe Mangangehalte den Wärmehaushalt, liefern mehr (MnO) als Flußmittel für Kalk[98] ohne ausgesprochen nachteilige Wirkung für die Konverterausmauerung, vermindern dadurch CaF_2-Zusätze oder die Eisenverschlackung, erleichtern die Entschwefelung[27], verschlechtern allerdings die Entphosphorung[108,176].

Die Wirkung des MnO als Kalkflußmittel hängt aber von den betrieblichen Schlackebildungsbedingungen ab: Sind sie gut, ist die Wirkung des MnO sekundär; bildet sich die Schlacke schlecht, beschleunigt MnO ihre Bildung. Daher wurde in einem Werk zur Vermeidung von CaF_2-Zusätzen der Mangangehalt im Roheisen von o,5 auf o,7 % erhöht, um trotzdem gute Schlackebildungsbedingungen und eine ausreichende Entschwefelung beizubehalten[98].

Häufig liegen die Mangangehalte des Roheisens zwischen o,6 und 1,2 %.

Mangan wird gleichzeitig mit Silicium während der ersten 25 % der Frischzeit von Roheisen mit niedrigem Phosphorgehalt oxidiert. Gegen Ende der Siliciumoxidation findet eine deutliche Manganreduktion statt; im letzten Viertel des Blasens sinkt der Mangangehalt im Bad jedoch wieder ständig. Durch Vergleich der freien Standardreaktionsenthalpien für die Oxidation von Kohlenstoff und Mangan schlossen v.Ende u. Mitarbeiter[177] die Kohlenstoffoxidation als eine Erklärung für die Manganreduktion aus und betrachten dieses Verhalten als durch die Zusammensetzung der Schlacke verursacht. Andere Autoren deuten dieses Verhalten durch die Reduktion des MnO durch Phosphor[38] oder Eisen[178]. Es ist sehr wahrscheinlich, daß MnO während jener Perioden beim Frischen reduziert wird, in denen die Sauerstofflanze nicht soviel Sauerstoff liefert wie durch die Frischreaktion verbraucht werden könnte[77].

Der Einfluß des Mangans auf die Entkohlung wurde durch die stetige, automatische Verfolgung der Badgewichtsveränderungen in einem 4omm-Tiegel[179] untersucht, der mit einem spezifischen Sauerstoffangebot von 3,5 m^3/t.min beaufschlagt wurde. Aus den bei 154o ^{o}C an Fe-C-1,27%Mn-Schmelzen gewonnenen Ergebnissen wird geschlossen, daß die an der Badoberfläche gebildeten Manganoxide (unter den Versuchsbedingungen) die Oberfläche nicht abdecken und den Zutritt des oxidierenden Mediums zur Reaktionszone nicht verschlechtern wie bei den Fe-C-Si-Schmelzen. Die Manganoxidation beginnt sofort und mit hoher Geschwindigkeit. Mit sinkenden Mangangehalten im Bad steigt die Entkohlungsgeschwindigkeit. Die Änderungen der Manganabbrandgeschwindigkeit gehorchen der Regel der kritischen Gehalte (Bild 62). Bei Mangangehalten im Bad über 1,5 % hängt die Abbrandgeschwindigkeit nicht vom Mangangehalt ab. Unterhalb dieses Gehaltes ändert sich die geschwindigkeitsbestimmende Elementarreaktion,und die Abbrandgeschwindigkeit hängt vom Mangangehalt ab. Die äußere geschwindigkeitsbestimmende Sauerstoffzufuhr wird durch die innere geschwindigkeitsbestimmende, langsamere Diffusion des Mangans zur Reaktionszone ersetzt. Es gibt Anzeichen für Schwierigkeiten bei der Mangandiffusion in Fe-C-Mn-Schmelzen[179].

Bei Blasende bleiben die Reaktionen des Mangans mit dem Badsauerstoff[133] und dem Schlackensauerstoff[123] nicht weit vom Gleichgewicht.

8.3 Entkohlung

Die Entkohlungsreaktion wird im allgemeinen in drei Zeitabschnitte gegliedert: Anfangs-, Haupt- und Endbereich.

Aus Laborversuchsergebnissen über die Entkohlung von Tiegelschmelzen durch Aufblasen von Sauerstoff oder von fallenden oder schwebenden Fe-C-Tropfen weiß man, daß über große Entkohlungsabschnitte die Entkohlungsgeschwindigkeit unabhängig vom Kohlenstoffgehalt eine Funktion des Sauerstoffangebotes ist, zumindest so lange, wie dem aus der Gasphase ankommenden Sauerstoffstrom eine äquivalente Kohlenstoffmenge zur Verfügung steht. Erst zu einem späteren Zeitpunkt der Entkohlung, wenn der Kohlenstoffgehalt in der Grenzfläche abgesunken ist, kann Sauerstoff sich an der Grenzfläche ansammeln und in Lösung gehen. Absinkende Kohlenstoffgehalte im Phaseninnern verringern den Kohlenstoffstrom in die Grenzfläche, bis bei einem kritischen Wert der Sauerstoffstrom in die Grenzfläche überwiegt, was zuerst zur Lösung des Sauerstoffs führt und schließlich zum Erscheinen eines bleibenden Oxids auf der Grenzfläche. Nach vielen Beobachtungen kann in diesem Fall der Sauerstoff mit dem Kohlenstoff innerhalb des Metalls reagieren und den Tropfen auch zum Zerplatzen bringen, obwohl nach der klassischen Keinbildungstheorie eine homogene CO-Keimbildung nicht möglich ist. Verschiedene Versuche wurden unternommen[180], um diesen Widerspruch zu lösen. Gegen Ende der Entkohlung ist die Entkohlungsgeschwindigkeit dem Badkohlenstoffgehalt proportional.

Obwohl die geschwindigkeitsbestimmenden Schritte (Sauerstoffangebot über große Entkohlungsabschnitte und Kohlenstoffdiffusion am Ende der Entkohlung) bekannt sind, gibt es im Schrifttum Erörterungen des Mechanismus von Phasengrenzreaktionen.

Zahlreiche Literaturquellen, die die vorstehenden Aussagen stützen, können einer jüngeren Arbeit[181] entnommen werden.

Es besteht hinsichtlich des Wertes des kritischen Kohlenstoffgehaltes keine allgemeine Übereinstimmung. Dieser kritische Gehalt ist so etwas wie eine Trennung zwischen dem Haupt- und dem Endbereich der Entkohlung. Dieser Übergang zwischen zwei Entkohlungsbereichen hängt ab von der Wechselwirkung zwischen einem Volumenparameter, dem kritischen Kohlenstoffgehalt im Badinnern, und einem Oberflächenparameter, der Erscheinung eines Oxidfilmes auf der Metall/Gas-Grenzfläche in dem Augenblick, in dem der Antransport des Kohlenstoffs in die Grenzfläche nicht mehr länger den ankommenden Sauerstoff abzubinden vermag. Da beide Transportströme (die des Kohlenstoffs und des Sauerstoffs) von den örtlichen Verhältnissen abhängen, sollte es nicht überraschen, daß $\underline{C}_{krit}$ mit den Versuchsumständen sich ändert und daß sogar manchmal widersprüchliche Beobachtungen vorgestellt werden.

Die Schwierigkeiten stammen aus der Tatsache, daß mit Hilfe kinetischer Parameter (Transport von gelöstem Kohlenstoff und/oder Sauerstoffgas, oxidierende Gase zur Grenzfläche) eine Volumeneigenschaft mit einem Ereignis in der Grenzfläche verbunden werden muß, das erst dann bemerkt werden kann, wenn das Oxid so dick geworden ist, das es erkennbar wird. Die Situation wird noch schlimmer, wenn eine so komplizierte Abfolge in eine hochturbulente Umgebung mit großen, örtlichen und zeitlichen Unterschieden in Konzentration, Temperatur und Geschwindigkeit und mit starken physikalischen und chemischen Kräften gebracht wird, die die Entkohlung voran treiben. In einem solchen Fall können nur örtlich begrenzte Gleichgewichte erwartet werden. Die Beziehung irgendeines Kohlenstoffgehaltes des Badinnern mit einer mittleren Entkohlungsgeschwindigkeit muß viele örtliche Abweichungen von dem Bild ausgleichen, das man sich anhand von irgendwelchen Proben aus dem Badinnern macht.

In Vielkomponentensystemen wie Roheisen muß nicht nur der vorliegende Kohlenstoffgehalt die Bildung eines Eisenoxidfilms erlauben; auch andere Eisenbegleiter wie Silicium und Mangan müssen die Bildung einer meist aus verschiedenen Oxiden bestehenden Oxidschicht zulassen. Es ist zu erwarten, daß $\underline{C}_{krit}$ auch von den Gehalten der anderen Elemente beeinflußt wird und daß diese Elemente ihre eigenen kritischen Gehalte haben, wie es beispielsweise für Mangan bereits berichtet wurde.

8.3.1 Anfangsperiode

Beim Aufblasverfahren fällt der Anfangsbereich der Entkohlung (o - 25 bis 4o % der Blaszeit) mit dem Silicium-(und Mangan-)Abbrand zusammén. Die Entkohlungsgeschwindigkeit wächst,und stationäre Reaktionsabläufe werden angestrebt.

Die Entkohlung entwickelt sich im Bereich der Reaktionszone; die Schlacke befindet sich jedoch bereits auch in dieser Periode im schaumigen Zustand[151)]. Proben aus dem Abgas eines 1ot-Konverters, die mit wassergekühlten Rohren entnommen wurden, zeigten, daß der Zeitpunkt der Zündung für verschiedene Chargen unterschiedlich ist. Bei "kaltem" Roheisen und "weichem" Strahl "zündet" die Charge schlecht. Bei Roheisentemperaturen über 123o ^{o}C, kleinen Lanzenabständen (15 bis 2o x Düsendurchmesser) und einem spezifischen Sauerstoffangebot von 4 m^3/t.min setzt die Zündung ohne Verzug ein[182)].

Eine halbquantitative Deutung des Zündens des Kohlenstoffs wird anhand einer Betrachtung des Fe-O-Zustandsdiagramms zusammen mit der turbulenten Metallbewegung in der Nähe des Kraters gegeben[183)].

8.3.2 Hauptbereich

Im Hauptbereich der Entkohlung (25 bis 4o - 8o % der Blaszeit, für $\underline{C}$ größer als $\underline{C}_{krit}$) ist die Entkohlungsgeschwindigkeit hoch und proportional zum spezifischen Sauerstoffangebot[75,1o1,167,184,185)]. Wenn keine Störungen durch vorher in der Schlacke angesammelten Sauerstoff passieren, kann der Proportionalitätsfaktor stöchiometrisch über eine Sauerstoffbilanz[77)] berechnet werden, was darauf hinweist, daß die Entkohlung über das Sauerstoffangebot gesteuert werden kann.

Durch Veränderung der Lanzenhöhe wird die Verteilung des zugeführten Sauerstoffs zwischen Metall und Schlacke gesteuert. Ein sehr harter Strahl läßt wenig Sauerstoff für die Schlacke übrig. Sehr weiche Strahlen oxidieren hauptsächlich die Schlacke und erzeugen dort hohe Eisenoxidgehalte und Fe^{3+}/Fe^{2+}-Verhältnisse.

Von beiden Blas-Extrema drohen Gefahren: Sehr hartes Blasen "trocknet" die Schlacke aus: Der flüssige Teil der Schlacke verschwindet, weil die Eisenoxide durch den Tropfenkohlenstoff oder durch CO-reiche Gase reduziert werden. Der Strahl verspritzt das ungeschützte Metall in starkem Maße. Brauner Rauch entsteht. Sehr weiches Blasen erzeugt große Mengen Schaumschlacke. Sauerstoff aus der Schlacke kann plötzliche und heftige Reaktionen provozieren, die zu u.U. minutenlangem Auswurf und Überlaufen selbst bei gestoppter Sauerstoffzufuhr durch die Lanze führen. Mit einer EMK-Zelle in der Wand eines 3t-Konverters wurde bei weichem Blasen die Entstehung eines hohen Sauerstoffüberschusses im Bad beobachtet[186].

Bei weichem Blasen ist die Rührwirkung des Strahls nicht ausreichend, um den im Bad gelösten Kohlenstoff mit dem Sauerstoffüberschuß in Schlacke und Bad zum ausreichenden und kontrollierten Reagieren zu bringen. Auf der anderen Seite zeigt das Austrocknen der Schlacke beim harten Blasen, daß die Vermischungs- und Tropfenbildungskapazität eines harten Strahls höher ist als seine Sauerstofflieferungskapazität. Der harte Strahl schafft einen Sauerstoffbedarf, der höher ist als die Sauerstoffanlieferung durch ihn.

Die Strahlhärte muß so ausbalanciert werden, daß der vom Strahl durch Rühr- und Tropfenproduktion erzeugte Sauerstoffbedarf durch den Sauerstoffstrom dieses Strahls gedeckt wird, andernfalls trocknet die Schlacke aus (sie liefert Sauerstoff) oder sammelt überschüssigen Sauerstoff an.

Aus Produktivitätsgründen sollte die Entkohlungsgeschwindigkeit immer so hoch wie möglich sein; damit sie ihr Maximum erreicht, muß eine Schlacke/Metall-Emulsion vorhanden sein[117]. Wenn die Entkohlungsgeschwindigkeit nach Blasbeginn zu hoch ist, verzögern sich die Kalkauflösung und dadurch die Bildung einer für Entphosphorung, Entschwefelung und zur Erzielung der maximalen Entkohlungsgeschwindigkeit notwendigen Schlacke. Daher sollte die Entkohlung zu Blasbeginn zurückgehalten werden: Nach der Erfahrung des CRM stellt eine anfängliche Entkohlungsgeschwindigkeit in einer Höhe von 2/3 ihres Maximums die Bildung einer ausreichend großen Schlackenmenge sicher, die rasch zu einer Schaumschlacke führt. Danach kann die Entkohlungsgeschwindigkeit auf ihr Maximum gebracht werden.

In Laborversuchen[18o,187,188] wurde gezeigt, daß die Entkohlung eines zwei Gramm schweren Tropfens in einer LD-artigen oxidierenden Schlacke zu beträchtlichem Schäumen der Schlacke führt, wobei der ursprüngliche Tropfen in eine große Zahl kleinerer, dispergierter Tropfen zerfällt. Der schnelle Stofftransport durch die Grenzfläche erniedrigt die Grenzflächenspannung, und die mechanische Energie aus der Entkohlung emulgiert das Metall. Die gebildete Gas/Schlacke/Metall-Dispersion ist nicht stabil und fällt bei Annäherung ans Entkohlungsgleichgewicht zusammen. Bei hohen Kohlenstoffgehalten im Tropfen schien die CO-Desorption die Desorption von Gas in eine Gashülle um den Tropfen zu sein, bei niedrigeren Kohlenstoffgehalten war dieser Mechanismus von schlagartigen Tropfenbewegungen begleitet: Vermutlich bildete sich CO im Tropfeninnern[18o)], wie es auch an schwebenden[34)] und fallenden[169)] Fe-C-Si- und Roheisentropfen in Sauerstoffgas beobachtet wurde. Das Sauerstoffpotential der Schlacke hatte den größten Einfluß auf die Entkohlung, die Reaktion nahm mit dem Fe^{3+}-Gehalt an Heftigkeit zu[18o)]. Die Ergebnisse zeigten deutlich, daß die Oxidation der verschiedenen Elemente im Tropfen gleichzeitig -und nicht nacheinander- stattfand, die Entkohlung beschleunigte auch die Eisenoxidation[187)].

Durch Messung der Änderungen in der vertikalen Bewegungsgeschwindigkeit eines radioaktiven o,3g schweren Fe-C-Tropfens in einer oxidierenden Schlacke, die durch die entstehenden CO-Blasen verursacht werden, wurde festgestellt, daß sich die anfängliche, hohe Entkohlungsgeschwindigkeit zuerst a) vermindert und schließlich b) aufhört. Als Grund wird vermutet, daß bei a) dann die Sauerstoffdiffusion in der metallseitigen Grenzschicht geschwindigkeitsbestimmend wird und bei b) die Keimbildungsbedingungen für die Gasblasen an der Schlacke/Metall-Grenzfläche sich verschlechtern[189)].

Anhand von Modellrechnungen wurde der Schluß gezogen[19o)], daß der geschwindigkeitsbestimmende Schritt bei der Entkohlung eines

Tropfens in Schlacke die chemische Reaktion an der Tropfenoberfläche sein sollte. Belton[191] zeigt, daß aus den Ergebnissen von Gaye und Riboud[188] gefolgert werden kann, daß die chemische Reaktion an der Metall/Gashülle-Grenzfläche die Entkohlungsgeschwindigkeit bestimmt. Der geschwindigkeitsbestimmende Schritt ist die dissociative Chemisorption des CO_2 an dieser Grenzfläche.

Für den Geschwindigkeitsfaktor der geschwindigkeitsbestimmenden Elementarreaktion der Bruttogrenzflächenreaktion für die Entkohlung wird in einer Abschätzung aus Versuchsergebnissen an schwebenden und fallenden Tropfen ein Wert für reinen Sauerstoff ermittelt[181].

Badschwefel hat nur einen sehr kleinen Einfluß auf die Geschwindigkeit der Entkohlung durch Sauerstoffgas[192].

Unmittelbare Beobachtungen[37,71,91,151] beim Frischen in Modellkonvertern zeigten Blasenbildungsschwierigkeiten in tieferen Badschichten,CO-Blasenbildung und Kochen unterhalb der Schlacke, Schlackenschäumen infolge CO-Freisetzens innerhalb der Schlacke und Austreten der Haupt-CO-Menge aus der Auftreffstelle durch einen beständigen, sich willkürlich bewegenden Kanal um den Sauerstoffstrahl (Bild 63)[91]. Diese Kanalbildung scheint einer CO-Bildung unter den Bedingungen des Strahlgasens[193] zu entsprechen. Gasproben[24] aus der Umgebung der Lanze deuten gleichfalls auf den Abzug der Abgase senkrecht über ihrem Entstehungsort hin.

Bei Verarmung der schäumenden Schlacke an Eisenoxid sinkt ihr Spiegel, dabei wurden in einem 6okg-Konverter Fälle beobachtet, in denen diese Verarmung so rasch geschah, daß die Schlacke zusammenfiel und von dem CO aus dem Strahlauftreffbereich an die Konverterwand geblasen wurde[91]. Bei hartem Blasen waren die Entkohlungsgeschwindigkeit maximal und die Schaumschlackenhöhe minimal, was deutlich macht, daß für die Bildung einer Schaumschlacke eine hoch oxidierte Schlacke mit den nötigen Metalltropfen darin nötig ist.

Weiches Blasen begünstigte das Kochen unterhalb der Schlacke und das Schlackenschäumen, verminderte aber die Bruttoentkohlungsgeschwindigkeit wegen verminderter Entkohlung in der Strahlauftreffstelle[151], offensichtlich weil nicht aller ankommende Sauerstoff an gelösten Kohlenstoff geht. Durch die Verminderung des CO-Stroms aus dem Strahlauftreffbereich und des verstärkten

Schlackeschäumens entstanden Schwierigkeiten für das Durchströmen des CO-Gases aus dem Auftreffbereich. Der Austritt dieses CO-Anteils aus der Schaumschlacke geschieht unstetig und explosionsartig, wenn sich die Schaumschlacke über dem Kanal schließt. Dabei kann es zum Auswurf oder auch Überlaufen kommen. Härteres Blasen steigert die CO-Bildung im Strahlauftreffbereich und stabilisiert den dazugehörigen CO-Strom. Die entsprechende Verminderung des Eisenoxidstromes in die schäumende Schlacke verringert in ihr die CO-Produktion und den Gasgehalt: Ihre Ausdehnung sinkt[91].

Russische Konverter mit Einlochlanzen werden so gefahren, daß sich gerade ein CO-Kanal ausbildet[42].

Die vorstehenden Beobachtungen zeigen sehr schön den verschiedenen Einfluß der verschiedenen "Emulsionen" der Kapitel 3.5 und 5 auf die Reaktionen in einem Konverter. Unter dem Strahl produziert die "Mini-Dispersion" Tropfen, Entkohlung, Eisenoxidation -dessen Ausmaß von der Strahlhärte abhängt und die zusammen mit dem vorhandenen Kalk über den Grad der Entphosphorung und der Entschwefelung entscheidet- und CO, das die Schaumschlacke gegen den Strahl abschirmt. In der Schaumschlacke entsteht zusätzliches CO -wenn ausreichend Sauerstoff aus Oxiden zur Verfügung steht-, und Phosphor und Schwefel werden entfernt.
Falls die Abschirmung durch das ausströmende CO vollkommen ist, dann ist die Umgebung des Aufblasstrahls nicht die Schaumschlacke sondern das ausströmende CO, und das Verhältnis $\varrho_r = \varrho_{Ausgang}/\varrho_{Umg.}$ ist größer als eins. Dann wird keine Schlacke in den Strahl eingezogen und der Strahl wird dadurch nicht weicher gemacht. Der einzige Weg, Sauerstoff in die Schaumschlacke zu bringen, wäre die Sauerstoffdiffusion durch das ausströmende CO und durch oxidierte, in die Schlacke geschleuderte Tropfen.

Versuchsdaten über den jeweiligen Anteil der verschiedenen Frischorte an der Bruttoentkohlung gibt es nicht. Es gibt jedoch Abschätzungen[78,86,185,194-196], die sich auf indirekte Versuche und Annahmen stützen und die kaum vergleichbar sind, da der Eindruck vorherrscht, als ob die Verfasser nicht sauber zwischen Emulsion (oder Dispersion) und Schaumschlacke (vgl. Kapitel 5) unterschieden. Eine Schaumschlacke mag in der Tat für die Entkohlung nicht nötig sein (wohl aber für eine gute Entphosphorung und Entschwefelung); die große Grenzfläche jedoch, die in einer

(Eisen-)Oxid/Metall-Emulsion oder -Dispersion erzeugt wird, sollte eine hohe Entkohlungsgeschwindigkeit sicherstellen. Diese Emulsion oder Dispersion muß nicht notwendigerweise sehr ausgedehnt sein, sondern kann eine örtliche Mischung aus oxidierten oder teiloxidierten Tropfen verschiedener Größe und oxidierenden Gasen im Strahlauftreffbereich sein wie die in Kapitel 3.5 vorgestellte Mini-Dispersion.

Die geschwindigkeitsbestimmenden Faktoren im Hauptabschnitt sind (neben dem Sauerstoffangebot) technologischer Art wie Überschäumen, Überlaufen, Metallverspritzen, Schrottaufschmelzzeit, Kapazität des Abgassystems oder der Abgasreinigung.

8.3.3 Entkohlungsende

Mit sinkendem Badkohlenstoffgehalt vermindert sich der Gesamtnachschub an gelöstem Kohlenstoff zu den Oxidationsstellen und die Entkohlungsgeschwindigkeit wird dem Kohlenstoffgehalt proprotional. Möglicherweise besteht eine Abhängigkeit vom spezifischen Sauerstoffangebot[196]. Die Entkohlung im Badinnern verstärkt sich[151,184].

Unterhalb des kritischen Kohlenstoffgehaltes geht der Sauerstoff in zunehmendem Maß an Eisen. Die spezifische Sauerstoffzufuhr hat einen starken Einfluß auf den Wert von $\underline{C}_{krit}$ (Bilder 64 [197] und 65 a [151]). Mit zunehmender Sauerstoffzufuhr steigt dieser Wert, weil der Strahl härter wird und die Entkohlung beschleunigt; der Gesamtkohlenstofftransport zu den Oxidationsstellen bricht wegen der dadurch induzierten größeren Kohlenstoffnachfrage bei höheren Badkohlenstoffgehalten zusammen.

Im Schrifttum[173,179,184] gibt es Versuche, mit einfachen Gleichungen den kritischen Kohlenstoffgehalt mit der Konzentration [179], dem Partialdruck[173] oder der zugeführten Menge des Sauerstoffs[184] zu korrelieren.

8.4 Entphosphorung

Da Phosphor aus Roheisen nur entfernt werden kann, wenn die Aktivität seines Oxides durch Verbindungsbildung mit CaO, der in einer kinetisch günstigen (flüssigen) Form angeboten werden sollte, erniedrigt worden ist, wird der Zustand der Schlacke entscheidend für den Erfolg der Entphosphorung. Sie hängt daher vom Oxidationszustand der Schlacke und der Kalkauflösung ab. Ein Indiz für eine gute Entphosphorung ist das Erscheinen einer Schaumschlacke. Bild 66 [1o7] zeigt die Beziehungen zwischen Endphosphorgehalt, Schäumdauer, Eisengehalt der Schlacke, Endtemperatur, Kalksatz und Konverteralter. Der Endphosphorgehalt ist umso niedriger, je größer die Schäumdauer, Eisengehalt der Schlacke, Kalksatz und je niedriger die Badtemperatur. Die gleichen Endphosphorgehalte können mit einem geringeren Kalksatz, weniger verschlacktem Eisen und bei höheren Temperaturen erzielt werden, wenn die Schäumdauer zunimmt. Daher sollte auf die Bildung einer optimalen Schaumschlacke so früh und so lang wie möglich Wert gelegt werden, wobei reaktionsfreudiges CaO (am besten mit dem Sauerstoff als Pulver wie beim LDAC-, OLP-, LDS- oder OBM-Verfahren eingeblasen) und eine geeignete Lanzenfahrweise Anwendung finden. Mit dem Lanzentyp kann die Entphosphorung ebenfalls beeinflußt werden[98]: Der Einsatz einer Vierloch- statt einer Dreilochlanze verminderte die Abweichung vom $\underline{P}$-Gleichgewicht um o,oo15 %. Wenn eine flüssige Schlacke zur Verfügung steht (und bleibt), kann die Entphosphorung allerdings bei hartem Blasen sogar schneller vor sich gehen, bei dem der Strahl große Mengen oxidierter Badtropfen in die Schlacke wirft[84,156].

Bei Erhöhung des spezifischen Sauerstoffangebots steigt die Entphosphorungsgeschwindigkeit im Hauptabschnitt der Entkohlung (Bild 67), bis Schwierigkeiten mit der Schlackenbildung auftreten, die Gesamtblaszeit nimmt ab[84,1o1]. Neben der Basizität und der Temperatur der Schlacke haben höhere Endkohlenstoffgehalte wegen der geringeren Schlackenoxidation und daher schlechteren Kalkauflösung einen deutlichen Einfluß auf den Badphosphorgehalt (Bild 68) [198]. Erhöhte Anforderungen an sichere Entphosphorung stellen Stranggußschmelzen, wo höhere Abstichtemperaturen zu höheren Phosphorgehalten führen. Eine Temperaturzunahme um 5o^{o} erhöht $\underline{P}$ um 5o ppm [198]. Daher wird es wichtig[199-2o1] (vgl. auch Bild 69), die Menge mitlaufender Konverterschlacke durch eine richtige Arbeitsweise (Bild 7o [137]) beim Abstich kleinzuhalten, um die Rückphosphorung in der Pfanne bei der Aluminiumdesoxidation und beim späteren Argonrühren[17] zu minimieren. In japanischen Werken wird meistens eine Schwimmkugel eingesetzt.

Die bevorzugten Stellen für die Entphosphorungsreaktion sind die Oberflächen der in der Metall/Schlacke-Emulsion suspendierten Roheisentropfen. Beim Einbringen eines Fe-2,5%C(-1,5%P)-Tropfens in eine LD-artige oxidierende Schlacke wurde gefunden[188], daß die Entphosphorung durch die bei der Entkohlung erzeugten Bewegungen und Metalldispergierung sehr schnell wurde (Bild 71). Um einen P-Gehalt von 0,0060 % zu erzielen, sind bei Fe-C-P-Tropfen nur 10 s, aber 1 min bei Fe-P-Tropfen nötig. Die große Entphosphorungsgeschwindigkeit der Fe-C-P-Tropfen kann nur dadurch erklärt werden, daß die intensive Rührwirkung durch die Entkohlung sofort beginnt, sobald die Tropfen mit der Schlacke in Berührung kommen. Die Entphosphorung ist viel schneller als die Entkohlung, wie es auch in Betriebskonvertern beobachtet wird.

Gleichgewichtswerte für die Entphosphorung durch LD-Schlacken werden in Bild 72 im pseudoternären System (CaO)'-(SiO_2)'-(FeO)' dargestellt[202]. Größtwerte werden im heterogenen Gebiet des Dicalciumsilikats bei einem Eisengehalt von 17 % (FeO' = 27 %) und einer Basizität von 3,2 sowie in Schlacken nahe der Sättigung an Tricalciumsilikat und CaO gefunden. Wachsende MgO-Gehalte in der Schlacke beeinflussen die Badphosphorgehalte nicht bis auf die frühen Schlacken zu Blasbeginn[203].

9. Sauerstoffverteilung

Aus den früheren Ausführungen geht hervor, daß die richtige Verteilung des Sauerstoffs zwischen Kohlenstoff und den anderen Elementen im Roheisen einen großen Einfluß auf ein erfolgreiches Verblasen hat, daß es aber schwierig ist, sie zu finden. Nachstehend werden einige experimentelle Beispiele dafür angeführt.

Bild 73 zeigt die Verwendung des Sauerstoffs für die Oxidation von Kohlenstoff, Silicium und Mangan in den ersten vier Blasminuten in einem 150t-Konverter, die aus der chemischen Analyse von Badproben aus dem umgelegten Konverter nach vierminütigem Blasen ermittelt wurde. Mit zunehmendem spezifischem Sauerstoffangebot bleibt der Sauerstoffverbrauch durch Silicium und Mangan unverändert, der durch Kohlenstoff steigt wegen des tieferen Strahleindringens[153]. Aus den Ergebnissen einer Laboruntersuchung[188] ergibt sich, daß der Sauerstoff, der nicht von C, Si, Mn verbraucht wird, Eisen oxidiert. In dieser Untersuchung wurde ein Fe-2,5%C-1,5%P-Tropfen in eine LD-artige Schlacke, deren Oxidationsgrad dem Gleichgewicht mit Luft entsprach, eingebracht, anschließend abgeschreckt und sein Sauerstoffverbrauch bestimmt (Bild 74). Das Eisen verbrauchte mehr Sauerstoff als der Kohlenstoff, selbst bei der intensivsten Entkohlung; die verschiedenen Elemente wurden jedoch gleichzeitig oxidiert. Die Kohlenstoffoxidation behinderte nicht die des Eisens; im Gegenteil, die spontane Emulgierung des Metalls und die durch die Entkohlung erzeugte Bewegung verstärkte die Eisenoxidation.

In einem 4okg-Konverter wurde der für die Oxidation von Fe, Mn und P verbrauchte Sauerstoff durch Probenahme bestimmt und in Bild 75 als R_o über der Blaszeit aufgetragen[37]. Dieser Sauerstoffanteil stieg in den ersten zwei Blasminuten an, ging durch ein Maximum und wurde nach etwa fünf Blasminuten null. Gegen Blasende stieg er wieder steil an. Dieser Anteil R_o ist wahrscheinlich der Eisenoxidation proportional.

Die Sauerstoffverteilung in Bild 76 wurde mit einem dynamischen Steuersystem und einem integrierten Reaktionsmodell erhalten[2o4]. Die Kurven des Bildes beruhen auf Werte aus 8 Chargen; die Verfasser sind jedoch der Meinung, daß sie ein allgemeines Bild der Stoffänderungen in einem Aufblaskonverter geben. Aus dem Bild geht die Reservoirfunktion der Schlacke für Sauerstoff bei der stärksten Entkohlung deutlich hervor.

Bild 77 [121] zeigt die ungefähre Sauerstoffverteilung gegen Blasende.

In Bild 78 wird die über eine Abgasanalyse ermittelte Sauerstoffverteilung innerhalb der Schlacke gezeigt[2o5]. Der Unterschied zwischen den Kurven 1 und 2 sollte die Eisenoxidation sein. Bild 78 zeigt auch die Sauerstoffverteilung für unnormale Blasverläufe. Spritzende Chargen haben am Blasanfang weniger Sauerstoff in der Schlacke und zuviel am Blasende; überlaufende oder auswerfende Chargen haben am Blasanfang zuviel Schlackensauerstoff und auch etwas zuviel am Blasende. Die Menge des Sauerstoffs in der Schlacke und seine zeitliche Änderung bestimmt die Reproduzierbarkeit der Blasbedingungen. Man fand[2o6], daß die Frischreaktionen mit der "Masse des gebundenen Sauerstoffs in der Schlakke" in Beziehung gesetzt werden konnten. Diese Masse setzt sich in jedem Zeitpunkt aus dem Teil des eingeblasenen Sauerstoffgases, der nicht vom Kohlenstoff verbraucht wurde, und dem Sauerstoff zusammen, der aus dem bereits wieder in Lösung gegangenen Teil der Schlacke aus der vorigen Schmelze stammt. Dieser wieder in Lösung gegangene Schlackenanteil wurde aus einer Kalkbilanz berechnet: CaO aus der Restschlacke = CaO der gebildeten Schlakke - CaO, zugegeben und gelöst. Die Massen der gebildeten Schlakke, des verschlackten Phosphors und der wieder in Lösung gegangenen Restschlacke wurden über Abgasanalyse, Bad- und Schlackeproben berechnet. Schmelzen, die sich hinsichtlich der gesamt eingeblasenen Sauerstoffmasse oder der Gesamtblaszeit unterschieden, zeigten keine Unterschiede mehr, wenn sie anhand der Masse des in der Schlacke gebundenen Sauerstoffs verglichen wurden. Bild 79 zeigt den mittleren Schlackenweg in einem 155t-LDAC-Konverter als Funktion dieser Masse im pseudoternären System (CaO)'-(FeO)'-(P_2O_5)'.

Die Masse des in der Schlacke gebundenen Sauerstoffs beschreibt jedoch das Metall/Schlackensystem nicht völlig, da ein Bad mit verschiedenen Kohlenstoffgehalten mit der gleichen Schlackensauerstoffmasse koexistieren kann. Diese Unterschiede können zu Auswurf führen. Deswegen müssen der in der Schlacke gebundene Sauerstoff und der Badkohlenstoff gleichzeitig überwacht werden: Praktisch können beide Kurven durch ihren Schnittpunkt (Bild 8o) gekennzeichnet werden[116]. Punkt A zeigt hohe Kohlenstoff- und Schlackensauerstoffmassen an. Der große Unterschied im Oxidationsgrad kann zu Auswurf führen. Punkt B gehört zu einem härteren Blasen. Die Auswurfgefahr ist klein.

1o Kombinierte Blas- und Spülverfahren (Aufblasverfahren mit Tiefeinblasen)

An zahlreichen Stellen der vorstehenden Kapitel wurde deutlich, daß im Aufblaskonverter örtlich und zeitlich erhebliche Unterschiede im chemischen Potential, in den Temperatur- und Geschwindigkeitsfeldern von Metall und Schlacke bestehen. Diese Ungleichgewichte in und zwischen beiden Phasen sind eng mit der Intensität ihrer Durchmischung verknüpft. Diese Durchmischung durch den Aufblas-Sauerstoffstrahl ist nicht in allen Frischabschnitten und an allen Orten ausreichend, um diese Unterschiede in hinreichend kurzer Zeit betriebssicher und wirtschaftlich auszugleichen. Nur im Hauptbereich der Entkohlung sieht es so aus, als ob die entstehenden CO-Blasen eine gute Durchmischung des Bades erzielen; das Auftreten von Auswurf und Überschäumen in diesem Entkohlungsbereich ist allerdings ein Indiz für unzulänglichen Ausgleich der Oxidationspotentiale beider Phasen. Weitere Beispiele sind die Temperaturunterschiede zwischen Bad und Schlacke und die am Ende der Entkohlung ent- oder fortbestehenden Ungleichgewichte zwischen beiden Phasen, wenn die Mischkapazität des CO-Gases durch die rückläufige CO-Produktion zurückgeht und der Aufblasstrahl im Auftreffbereich viel Eisen verschlackt.

Allerdings ist ein steter Ausgleich der Ungleichgewichte zwischen Bad und Schlacke nicht immer unbedingt erwünscht. Eine überoxidierte, heiße Schlacke fördert die Kalkauflösung und damit die Entphosphorung und die Entschwefelung.

Nach dem Vorbild des Durchblaskonverters können diese Ungleichgewichte durch eine zusätzliche Rührmöglichkeit wie beispielsweise am Konverterboden eingeblasenes Rührgas ausgeglichen werden.

Durch diese zusätzliche Rührmöglichkeit werden gewissermaßen Auf- und Durchblasverfahren gekoppelt. Dabei ist es wünschenswert, von beiden Verfahren nach Möglichkeit nur die Vorteile zu übernehmen und die Nachteile zu vermeiden.

In einer solchen Bilanz werden folgende Punkte aufgeführt[2o7-213)]

Aufblas-Vorteile

- Einfaches anlagetechnisches Prinzip
- Ausgezeichnete Produktivität
- Ausreichender Schrottsatz
- Große Flexibilität bei der Steuerung der Schlackenzusammensetzung
- Abfangschmelzen möglich

Durchblas-Vorteile

- Alle Vorteile, die auf die besseren Rührmöglichkeiten zurückgehen (vgl. später)
- Leichtes Schrottvorwärmen
- Weniger Staubanfall

Aufblas-Nachteile

- Strahl ist örtlich begrenztes Primärmischmittel
- Die strahlinduzierten Reaktionen geschehen primär im relativ begrenzten Strahlauftreffbereich
- Ungenügende Durchmischung
- Ungleichgewichte
- Überlaufen und Auswurf
- Badkohlenstoffgehalte unter o,o1 % nicht möglich
- Hohe Eisenoxidgehalte in der Endschlacke

Höhere Schlackentemperatur ist ungünstig für die Entphosphorung

Prozeßsteuerung muß erratische Ungleichgewichte verkraften können

Durchblas-Nachteile

Zuviel Bodengas erzeugt eine zu große Mischkapazität: Bad und Schlacke befinden sich immer in Gleichgewichtsnähe

Schlackenbildung für die Entphosphorung ist schwierig, erfordert Bodenzuschläge

Mantelgas verbraucht Prozeßwärme

Große Gasmengen erzeugen feinen Staub

Bodenhaltbarkeit

Wasserstoffgehalt

In dem Bestreben, der ungenügenden Durchmischung im Aufblaskonverter abzuhelfen und die Ungleichgewichte zwischen den verschiedenen Phasen zu verkleinern, wurden und werden eine ganze Reihe kombinierter Blas- und Spülverfahren entwickelt, vgl. dazu die Schrifttumstellen[2o7-214] und das dort angegebene Schrifttum.

Bei diesen Verfahren wird Gas (inert, oxidierend, kühlend wie beispielsweise Ar, N_2, O_2, CO_2, Kohlenwasserstoffe) mit oder ohne Feststoffe am Boden oder der Seitenwand des Konverters durch ein oder mehrere Einloch- oder Mantelrohre oder poröse Steine in das Metallbad zusätzlich zu und/oder nach dem von oben auf das Bad aufgeblasene Sauerstoffgas eingeblasen. Tauchlanzen sind denkbar.

Da die Vielzahl der vorstehend aufgezählten Parameter eine erhebliche Menge an Verfahrensvarianten zuläßt, werden solche Varianten zum Anlaß genommen, aus kommerziellen Gründen "neue" Verfahren mit eigenem Namen zu kreieren.Die Grundprinzipien dieser Verfahren sind in Bild 81 dargestellt, das durch kleine Verallgemeinerungen aus einem Schrifttumsbild[166] hervorging. Aufblasen mit Seitenblasen wird beim AOD-Verfahren praktiziert[215,216].

Rohre benötigen zur sicheren Verhinderung des Rückfließens des Metalls einen ständigen Gasstrom. Diese Mindestgasmenge kann im Hauptbereich der Entkohlung für eine ausreichende Schlackenoxidation und zur Verhinderung von Metallsprühen zu hoch sein. Spülsteine (oder Tauchlanzen) sind in dieser Beziehung besser geeignet.

Von großem Einfluß auf den gewünschten Erfolg ist die Anordnung, Zahl und Fahrweise der Einblaselemente, weil der Schlankheitsgrad (Höhe/Durchmesser) des Bades (nicht: Konverter!) klein ist und jedes Rührelement primär nur auf eine Metallsäule kleinen Querschnitts wirkt, die dann (ev. im Verein mit anderen) das Restbad mitbewegen muß.

Es ist daher nicht verwunderlich, wenn die verschiedenen Verfahrensvarianten unterschiedliche Mischzeiten aufweisen (Bild 82 [166]). Auf jeden Fall wird aus dem Vergleich der Bilder 82 und 57 deutlich, daß die Mischzeiten im Aufblaskonverter durch das zusätzliche Tiefeinblasen drastisch herabgesetzt werden. Sie bleiben jedoch über den Mischzeiten für das OBM-Verfahren, wie es nach der Aufzählung der Durchblas-Nachteile zu erwarten war. Interessant ist in diesem Zusammenhang, daß zumindest eine Gruppe des Bildes 82, die in der Nähe der OBM-Mischzeiten liegt, über Entphosphorungsprobleme klagt[2o8] oder auf eine sehr langsame Entphosphorung hinweist[214].

Als anschauliches Beispiel, besonders im Vergleich zu Bild 43, für die Wirkung der Verkürzung der Mischzeiten im Aufblaskonverter diene Bild 83 [21o], in dem die Änderung der Kohlen- und Sauerstoffgehalte des Bades durch Einblasen von Inertgas durch Spülsteine nach Blasende gezeigt wird, das als Keimbildner wirkt und den CO-Partialdruck herabsetzt.

Bei der Behandlung mit Spülgas nach dem Blasen zeigen die Ergebnisse[21o] allerdings den bekannten Effekt[217-219], daß mit zunehmender Ausspülung, beispielsweise des Kohlenstoffs relativ mehr Spülgas eingesetzt werden muß. In diesem Fall wirken Druckabsenkungen besser.

Die verschiedenen Verfahrensvarianten zeigen, soweit Ergebnisse derzeit zugänglich sind, bei häufig übereinstimmend benannten Vorteilen, durchaus Unterschiede: Beim Einblasen von inertem Rührgas mit Rohren[2o8] wird zwar auch die Entphosphorung verbessert, aber die richtige Betriebsweise muß noch gefunden werden: Es gibt keine einfache Beziehung zwischen Rührgasmenge, Lanzenabstand und Schlackenzusammensetzung[2o8]. Bereits vor 2o Jahren wurde gezeigt[1o1], daß bei zusätzlichem Bodeneinblasen der Eisengehalt in der Schlacke kleiner wird (Bild 84), daß aber das Rühren die Entphosphorung, besonders bei niedrigen spezifischen Sauerstoffangeboten aus der Lanze verschlechtert.

Beim Einblasen von Sauerstoff von unten[211] genügten bereits 5 % des Gesamtsauerstoffs, um die Entkohlung vor die Entphosphorung zu legen. Eine Schlackenbildung war erst nach der Entkohlung möglich.

Die erreichbare Gleichgewichtsannäherung bei der Entphosphorung hängt stark von der betreffenden Verfahrensvariante ab[211]. Rühren nach dem Blasen zeigt die weiteste Annäherung an das Gleichgewicht[210,211].

Als Vorteile werden bei den verschiedenen Verfahrensvarianten genannt[207-213]:

Höheres Eisenausbringen
Verringerung der Endgehalte von P, S, O, C, N und H sowie (Fe)
Höhere Mn-Gehalte beim Abstich, niedriger Ferromanganbedarf
Geringerer Desoxidationsmittelbedarf
Erhöhter Schrottsatz, Verkürzung des Schrottaufschmelzens
Kalk löst sich völlig, auch ohne Flußmittelzugabe
Geringerer Kalksatz, kleineres Schlackenvolumen
Verbesserte Annäherung an Gleichgewichtswerte
Sehr niedrige Badkohlenstoffgehalte möglich
Steuerung des Frischens allein über Inertgasstrom bei konstantem Lanzenabstand und Sauerstoffstrom
Ruhiger Blasverlauf ohne Auswurf oder Überschäumen auch bei hohem spezifischem Sauerstoffangebot und Lanzenabstand
ermöglicht Optimierung der Prozeßsteuerung
Erweiterung der Verfahrensflexibilität
Leichte Installation

Als Nachteile können angeführt werden:

Bei einem kritischen Wert des Rührgases beginnen Auswurf, Spritzen und Schlackenbildungsprobleme
Haltbarkeit der Blaselemente
Mehr Variablen zur Optimierung
Höhere Komplexität

Mit den kombinierten Blas- und Spülverfahren kann man den Bereich der metallurgischen Möglichkeiten zwischen den reinen Auf- und Durchblasverfahren erfassen. Die Spülverfahren liegen bei kleinen Gasdurchsätzen in der Nähe des Aufblasverfahrens, die kombinierten Blasverfahren näher beim Durchblasverfahren[166]. Erzielbar sind Rühr-, Spül-, chemische und/oder thermische Wirkungen.

Beim Einblasen während des Aufblasens wird der Oxidationsgrad der Schlacke (und damit ihr Schäumverhalten) durch Änderung des Einblasgasstroms gesteuert: Der entsprechende Rühreffekt korrigiert sofort die Sauerstoffverteilung zwischen Metall und Schlacke durch Desoxidation der Schlacke und Entkohlung des Metalls in Richtung thermodynamisches Gleichgewicht. Die Lanze ist dann nur noch Sauerstofflieferant (und Tropfenproduzent). Beim LDAC-Verfahren kann sie ohne Auswurfgefahr mit mehr als 6 m^3/t.min blasen, trotzdem kann das spezifische Volumen des Konverters unter o,6 m^3/t verkleinert werden[21o]. Wichtig ist jedoch, die Geschwindigkeit der Reoxidation der Schlacke im Verhältnis zur Entkohlungsgeschwindigkeit des Bades richtig zu steuern: Eine zu starke Favorisierung der Entkohlung bringt Probleme bei der Entphosphorung.

Beim Spülen mit Argon durch Rohre genügen bei Badkohlenstoffgehalten über o,5 % o,o1 bis o,1 m^3Ar/t.min zur ausreichenden Verbesserung der Fe-, Mn und P-Verteilung zwischen Bad und Schlacke. Bei Kohlenstoffgehalten unter o,o5 % wird dann mehr Argon (o,1 bis o,3 m^3/t.min) benötigt. Jedoch führt die starke Kühlung an den Düsen zu einer Teilverstopfung der Düsen und das Argoneinblasen wird instabil[166].

Beim Einblasen von Rührgas mit porösen Steinen erst gegen Blasende wird das Bad gut homogenisiert und kann dann eine repräsentative Probe für eine Meßlanze liefern, die beobachtete Annäherung an die Gleichgewichte reicht aber für die Entphosphorung nicht aus: Zur Erzielung der gleichen Endphosphorgehalte wie beim reinen Aufblasverfahren muß nach Blasende eine Minute lang zusätzlich gerührt werden[21o].

Aus den bisher vorliegenden Erfahrungen mit den kombinierten Verfahren scheint die eindeutige Verbesserung der Rührbedingungen klar hervorzugehen, aber auch, daß dem Problem der sicheren Kontrolle der Sauerstoffverteilung besondere Beachtung geschenkt werden sollte.

+ + +

Diese Arbeit wurde mit Mitteln des Ministers für Wissenschaft und Forschung des Landes Nordrhein-Westfalen gefördert, wofür auch an dieser Stelle gedankt wird.

11 Zusammenfassung

Die vorliegenden Kenntnisse über die sich im Sauerstoffaufblaskonverter abspielenden Vorgänge werden anhand einer Betrachtung der Aufblasstrahlen, der Strahlauftreffstelle, der Schlacke und des Metallbades einschließlich ihrer gegenseitigen Wechselwirkungen überprüft. Dabei wird u.a. deutlich, daß unter betriebsüblichen Blasbedingungen durch den Sauerstoffstrahl stets Tropfen erzeugt werden, was zu einer sehr großen Zunahme der Grenzfläche führt. Daten von Proben, die irgendwo den beteiligten Phasen entnommen wurden, müssen nicht immer repräsentativ für den ganzen Konverter sein. Örtlich ablaufende Vorgänge erzeugen örtlich und zeitlich ganz verschiedene Zusammensetzungen, Temperaturen und Geschwindigkeiten. Dies gilt besonders für die Strahlauftreffzone. In dieser Zone wird mindestens eine Minidispersion erzeugt, die aus einer hochturbulenten Mischung aus Strahlgasen, Tropfen, flüssigen Oxiden und festen Bestandteilen wie Kalk besteht. Diese Minidispersion sollte nicht mit einem Schlackenschaum verwechselt werden, obwohl solch ein Schaum sich daraus entwickeln kann.

Es wird weiterhin deutlich, daß die Strahlhärte über die Geschwindigkeit der Tropfenerzeugung, über das Mischungsverhalten und über die Sauerstoffverteilung entscheidet: Ein weicher Strahl (= niedriger Auftreffdruck) erzeugt weniger Tropfen und eine kleinere Baddurchmischung, die Elemente im Roheisen werden beim Zusammentreffen mit Sauerstoff rasch oxidiert und verringern sich schnell, überschlüssiger Sauerstoff oxidiert Eisen, bildet eine Schlacke und begünstigt die Entphosphorung und Entschwefelung. Ein harter Strahl (= hoher Auftreffdruck) erzeugt mehr Tropfen und intensive Baddurchmischung, die ausreichende Mengen der Roheisenbegleiter zum Sauerstoff schafft. Dann bleibt kein oder nicht viel überschüssiger Sauerstoff für die Eisenoxidation und Bildung einer CaO-reichen Schlacke übrig. Die Kunst des Sauerstoffaufblasfrischens besteht darin, die für die optimale Entfernung von C, P und S richtige Sauerstoffverteilung, die richtigen Geschwindigkeiten bei der Tropfenerzeugung und beim Durchmischen des Bades zu finden, ohne daß man in einen der beiden unerwünschten Grenzbereiche gerät: Auswurf oder trockene Schlacke. Kombinierte Verfahren, bei denen zusätzlich zum Sauerstoff von oben weitere Gase tief im Bad eingeblasen werden, lösen zwar die Rührprobleme, stellen jedoch derzeit nicht immer eine gute Entphosphorung sicher. Es wird deutlich, daß Untersuchungen zur Aufstellung quantitativer Beziehungen zwischen den Auftreffdrucken von Mehrloch-Strahlen einerseits und Tropfenerzeugung, Baddurchmischung unter verschiedenen Gaszufuhrbedingungen und Sauerstoffverteilung andererseits im Lauf einer Schmelze vonnöten sind, wobei die sich ändernde Umgebung der Strahlen berücksichtigt werden muß.

12. Schrifttumsverzeichnis

1) H. Neuhaus: Vom Erz zum Klöckner-Stahl. 7. Aufl. Klöckner-Werke AG, Köln, 1977

2) J. Maatsch: Techn. Mitt. Krupp, Forsch.-Ber. 19 (1961) 17/31

3) E. Denis: CNRM Rep. 1966 (8) 17/27

4) K. Kawakami: J. Metals 18 (1966) (7) 836/45

5) G.C. Smith: J. Metals 18 (1966) (7) 846/51

6) BOF Steelmaking, Bd. 3, Iron Steel Soc. AIME, New York, 1976

7) C.K. Lee; J.H. Neilson; A. Gilchrist: Ironmaking Steelmaking 6 (1979) 274/84

8) A.R. Anderson; F.R. Johns: Jet Propulsion 25 (1955) 13/15;25

9) J.D. Kapner; Kun Li; R.H. Larson: Intern.J. Heat & Mass Transfer 13 (197o) 932/37

1o) R. Mousel: Proc. Conf. Basic Oxygen Steelmaking, Mai 1978, London. Metals Soc., London, 1979. 34/4o

11) K.A. Blinov; Ya.D. Verbitskii; S.G. Afanas'ev; Yu.V. Filatov; L.S. Nechaev: Steel USSR 2 (1972) 781/3

12) V.I. Baptizmanskii; V.F. Mazov; V.B. Okhotskii; G.N. Shtefan; V.I. Burkov: Steel USSR 7 (1977) 257/9

13) A.-K. Bolbrinker: Freistrahluntersuchungen an Düsen für das Sauerstoffaufblas-Verfahren. Teil II. BFI-Bericht Nr. 244, Düsseldorf 1972

14) K. Koga; K. Sasaki; J. Ooi: In: McMaster Symposium on Iron and Steelmaking No. 4 Ed. W.-K. Lu. Hamilton 1976

15) C.K. Lee; J.H. Neilson; A. Gilchrist: Iron Steel Int. 5o (1977) 175/84

16) C.K. Lee; J.H. Neilson; A. Gilchrist: Ironmaking Steelmaking 4 (1977) 329/38

17) T. Tait: Proc. Conf. Basic Oxygen Steelmaking, Mai 1978, London. Metals Soc., London, 1979. S. 11/15

18) V.I. Baptizmanskii; V.B. Okhotskii; A.G. Velichko; G.A. Shchedrin: Steel USSR 9 (1979) 279/81

19) E.A. Kapustin; R.D. Kuzemko; V.A. Bol'shakov; P.I. Sham; V.D. Pugach: Steel USSR 3 (1973) 358/61

2o) J. Schopp; W. Resch; G. Mahn: Ironmaking-Steelmaking 5 (1978) 72/79

21) H. Rumpf: Chem.-Ing.-Techn.32 (196o) 335/42

22) K.H. Kluth; J. Maatsch: Techn. Mitt. Krupp 22 (1964) 93/1oo

23) E. Plöckinger; M. Wahlster; K. Borowski; J. Maatsch: Stahl u. Eisen 8o (196o) 1477/86

24) V.V. Yakovlev; S.I. Filippov; S.M. Gorlov; L.S. Nechaev; V.A. Belonsov; V.P. Savarin: Steel USSR 3 (1973) 183/84

25) V.V. Yakovlev; S.I. Filippov; L.S. Nechaev; S.M. Gorlov; A.T. Kol'tsov: Steel USSR 3 (1973) 554/55

26) S.I. Filippov; A.T. Koltsov: Izv. Vyssh. Uchebn. Zaved. Chern. Metall 9 (1979) 33/36

27) BOF Steelmaking, Bd 4, Iron Steel Soc. AIME, New York, 1977

28) A.I. Belichenko: Steel USSR 9 (1979) 221/23

29) S.K. Sharma; J.W. Hlinka; D.W. Kern: Iron & Steelmaker 4 (1977) (7) 7/18

3o) L. von Bogdandy: Stahl u. Eisen 85 (1965) 937/38

31) O. Knacke: Stahl u. Eisen 85 (1965) 938/39

32) T. Emi; W.M. Boorstein; R.D. Pehlke: Met. Trans. 5 (1974) 1959/66

33) S.I. Filippov; A.A. Zharov: Steel USSR 6 (1976) 68/69

34) D.G.C. Robertson; A.E. Jenkins: In: Heterogeneous kinetics at elevated temperatures. Ed. by G.R. Belton a. W.L. Worell. New York/London 197o. 393/4o8

35) K.W. Lange; P. Massard: Arch. Ehw. 48 (1977) 415/2o

36) T. Choh; M. Inouye: Trans. ISIJ 2o (198o) 768/75

37) A. Masui; K. Yamada; K. Takahashi: In: McMaster Symposium on Iron and Steelmaking No. 4. Ed. W.-K. Lu. Hamilton 1976

38) W.A. Fischer; H.J. Fleischer; F. Höfer: Arch. Ehw. 35 (1964) 279/85

39) S.C. Koria; K.W. Lange: Proc. 3rd Int. Iron & Steel Congress, April 1978, Chicago, Metals Park, Ohio 1979. S. 373/85 und weitere, noch unveröffentlichte Arbeit

4o) K.W. Lange; S.C. Koria: Wechselwirkung zwischen Sauerstoff und Roheisenschmelze beim Sauerstoffaufblasverfahren. 16-mm-Farbfilm, Lichtton, Länge 13 min. Film 1386, Institut für den Wiss. Film, Göttingen 1979/8o

41) N.A. Molloy: J. Iron Steel Inst. 2o8 (197o) 943/5o

42) A.G. Chernyatevich; B.I. Shishov; G.M. Solomon: Steel USSR 1o (198o) 7o/72

43) A. Chatterjee: Iron & Steel 46 (1973) 38/4o

44) A.G. Chernyatevich; E.Y. Zarvin; G.M. Solomon: Steel USSR 8 (1978) 566/68

45) A.V. Yavoiskii, N.E. Khisamutdinov: Steel USSR 1o (198o) 126/8

46) V.I. Baptizmanski; G.A. Shchedrin; K.S. Prosvirin: Steel USSR 5 (1975) 54o/3

47) V.I. Baptizmanski; G.A. Shchedrin; K.S. Prosvirin: Steel USSR 5 (1975) 656/8

48) R.A. Flinn: Trans. Am. Foundrymen's Society 86 (1978) 335/42

49) V.B. Okhotskii; A.G. Chernyatevich: Steel USSR 2 (1972) 779/81

5o) V.B. Okhotskii; V.I. Baptizmanskii; K.S. Prosvirin; G.A. Shchedrin: Steel USSR 3 (1973) 63o/32

51) V.I. Baptizmanskii; V.B. Okhotskii; A.G. Velichko; G.A. Shchedrin: Steel USSR 9 (1979) 66/67

52) V.I. Baptizmanskii; V.B. Okhotskii; K.S. Prosvirin; G.A. Shchedrin; Yu.A. Ardelyan; A.G. Velichko: Steel USSR 7 (1977) 329/31

53) V.I. Baptizmanskii; V.B. Okhotskii; K.S. Prosvirin; G.A. Shchedrin; Yu.A. Ardelyan; A.G. Velichko: Steel USSR 7 (1977) 551/52

54) A.G. Chernyatevich; E.Y. Zarvin; Y.N. Borisov; B.I. Shishov; G.M. Solomon; M.I. Volovich: Steel USSR 7 (1977) 684/6

55) A.G. Chernyatevich; E.Y. Zarvin: Steel USSR 8 (1978) 2o4/o6

56) A.G. Chernyatevich; E.Y. Zarvin; G.M. Solomon: Steel USSR 8 (1978) 67o/71

57) H. Kosmider; H. Neuhaus; H. Kratzenstein: Stahl u. Eisen 74 (1954) 1o45/54

58) G. Naeser; W. Pepperhoff; H. Riedel: Stahl u. Eisen 75 (1955) 1244/5o

59) H. Krainer: Stahl u. Eisen 85 (1965) 932/37

6o) L.S. Bejtelman; Ju.Ja. Belen'kij; M.A. Tret'jakov: Stal (dt) 9 (1969) 681/84

61) H. Krainer; K. Borowski; J. Maatsch: Krupp Techn. Rev. 23 (1965) (2) 53/66

62) G. Urbain: Rev. Mét. 59 (1962) 725/32

63) K. Koch; W. Fix; P. Valentin: Arch. Eisenhüttenwes. 47 (1976) 659/63

64) W.A. Fischer; J.F. Schumacher: Arch. Eisenhüttenwes. 49 (1978) 431/35

65) K.W. Lange: Referat 2.2; Kinetik, Kontaktstudium Metallurgie des Eisens, Teil II "Stahlerzeugung", März 1981, Lüdenscheid

66) A. Chatterjee; A.V. Bradshaw: J. Iron Steel Inst. 21o (1972) 179/87

67) W. Kleppe; F. Oeters: Arch. Eisenhüttenwes. 47 (1976) 271/75

68) R.C. Urquhart: Can. Met. Quart. 12 (1973) 5o7/16

69) V.N. Turovskii; E.I. Kadinov: Steel USSR 5 (1975) 315/17

7o) W. Kleppe; F. Oeters: Arch. Eisenhüttenwes. 48 (1977) 139/43

71) V.B. Okhotskii; A.G. Chernyatevich; K.S. Prosvirin: Steel USSR 2 (1972) 443/44

72) V.B. Okhotskii; A.G. Chernyatevich; K.S. Prosvirin; Yu.L. Itskovich: Steel USSR 3 (1973) 918/19

73) D.J. Jones; A.E. Parsons; N. Noris: J. Metals 15 (1963) 577/8o

74) P. Kozakevitch; G. Urbain; B. Denizot; H. Margot-Marette: In: Congres International sur les aciéries à l'oxygène. Le Touquet, Sept. 1963. Le Touquet 1964, 248/66. IRSID publication. Also: P. Kozakevitch: J. Metals 21 (1969) (7) 57/68

75) H.W. Meyer: J. Iron Steel Inst. 2o7 (1969) 781/89

76) H.W. Meyer; W.F. Porter; G.C. Smith; J. Szekely: J. Metals 2o (1968) (7) 35/42

77) K.W. Lange: Arch. Eisenhüttenwes. 42 (1971) 233/41

78) D.J. Price: Process. Engng Pyrometallurgy (1974) 8/15. Ed.: Jones, M.J. Inst. Min. Metallurgy. London

79) F. Bardenheuer: Stahl u. Eisen 95 (1975) 1o23/27

8o) E.Y. Zarvin; M.I. Volovich; A.G. Chernyatevich: Steel USSR 5 (1975) 2oo/o2

81) D. Cosma; P. Stubbs; B.A. Strathdee: In: McMaster Symposium on Iron and Steelmaking No. 4. Ed. W.-K. Lu. Hamilton 1976

82) T. Araki: In 81)

83) V.B. Okhotskii: Steel USSR 8 (1978) 135/37

84) E. Schürmann; G. Mahn; J. Schoop; W. Resch: Stahl u. Eisen 97 (1977) 1o69/74

85) O.K. Tokovoi; A.I. Stroganov; D.Ya. Povolotskii: Steel USSR 2 (1972) 116/17

86) A. Chatterjee; N.-O. Lindfors; und J.A. Wester: Ironmaking-Steelmaking 3 (1976) 21/32 and SEAISI Quarterly (1976) (July) 6/19

87) A.F. Kuznetsov; L.Yu. Nazyuta: Russian Metallurg (Metally)(1974) (4) 5/8

88) E. Schürmann; G. Mahn; J. Schoop; W. Resch: Arch. Eisenhüttenwesen 48 (1977) 515/19

89) P.V. Riboud; P. Kozakevitch; A. Berthet: Circ. Inform.techn.27 (197o) 987/98

9o) P. Dauby; J. Scouvemont: CRM (1973) (34) 3/12

91) A.G. Chernyatevitch; E.Ya. Zarvin; Yu.N. Borisov; M.I. Volovich: Steel USSR 6 (1976) 544/47

92) S.C. Koria; K.W. Lange: Proc. Int. Conference Physical Chemistry and Steelmaking, Oktober 1978, Versailles. CPS Paris, 1979, S. 296/98 und S. 224

93) T.G. John: J. Metals 21 (1969) (7) 68

94) R.D. Walker; D. Anderson: Iron & Steel 45 (1972) 271/76; 4o3/o7; 497/5o1

95) E.E. Merker; V.P. Luzgin; V.I. Yavoiskii: Steel USSR 2 (1972) 689/7oo

96) A.I. v.Hoorn; J.T. v.Konynenburg; P.J. Kreyger: In: McMaster Symposium on Iron and Steelmaking No. 4. Ed. W.-K. Lu. Hamilton 1976

97) A.O. Roßner; M. Shahata; D. Winkler: Siemens-Z. 46 (1972) 936/41

98) G. Denier: Rev. Mét. (CIT) 77 (198o) 379/92

99) H. v.Ende; W.D. Liestmann: Stahl u. Eisen 86 (1966) 1189/12o4

1oo) W. Resch; D. Nolle: Stahl u. Eisen 92 (1972) 487/5oo

1o1) H. Kosmider; H. Neuhaus; M. Wirth; H. Schenck: Stahl u. Eisen 81 (1961) 11o7/16

1o2) J. Schoop; K.K. Aschendorff; D. Radke; W. Fix: Stahl u. Eisen 88 (1968) 628/37

1o3) F. Bardenheuer; H. v.Ende; K.G. Speith: Blast Furnace, Steel Plant 58 (197o) 4o1/7

1o4) F. Oeters; R. Scheel: Arch. Eisenhüttenwes. 45 (1974) 575/8o

1o5) V.I. Baptizmanskii; V.O. Kulikov; B.M. Boichenko; E.V. Tret'yakov: Steel USSR 3 (1973) 634/38

1o6) E.B. Lanevskii; Y.M. Nechkin; V.I. Yavoiskii, M.A. Akbiev; T.T. Kam: Steel USSR 5 (1975) 598/6oo

1o7) F. Bardenheuer; H. v.Ende; P.G. Oberhäuser; E.E. Hofmann: Stahl u. Eisen 88 (1968) 613/21

1o8) K.-H. Obst; J. Stradtmann; M. Rähder: Stahl u. Eisen 98 (1978) 834/41

1o9) V.Y. Bakst; M.Y. Medzhibozhskii; V.S. Zhernovskii; G.M. Glinkov; G.A. Rudakov: Steel USSR 8 (1978) 133/35

11o) H. Margot-Marette; P.V. Riboud: Rev. Mét. 61 (1964) 7o9/13

111) F. Bardenheuer; H. v.Ende; P.G. Oberhäuser; E. Hofmann: Arch. Eisenhüttenwes. 39 (1968) 571/76

112) G. Trömel; N. Großkurth; K. Koch; W. Fix: Arch. Eisenhüttenwes. 41 (197o) 613/2o

113) G. Trömel, K. Koch; W. Fix; D. Ameling: Arch. Eisenhüttenwes. 45 (1974) 671/78

114) E. Schürmann; F. Bardenheuer; S. Döhler: Arch. Eisenhüttenwes. 5o (1979) 423/28

115) E. Schürmann; F. Bardenheuer; S. Döhler: Arch. Eisenhüttenwes. 5o (1979) 499/5o2

116) P.H. Dauby; A. Etienne: In: McMaster Symposium on Iron and Steelmaking No. 4. Ed. W.-K. Lu. Hamilton 1976

117) P. Nilles; E. Denis; F. Merker; P. Dauby: CRM (1971) (27) 3/1o

118) J.E. Lait; K.W. Heyer; G.K. Cuthill: In: McMaster Symposium on Iron and Steelmaking No. 4. Ed. W.-K. Lu. Hamilton 1976

119) V.K. Didkovskii; A.S. Peregudov; E.V. Tretyakov; G.Z. Gizatulin, A.V. Marinin: Steel USSR 4 (1974) 873/76

12o) J.A. Chum: In: McMaster Symposium on Iron and Steelmaking No. 4. Ed. W.-K. Lu. Hamilton 1976

121) BOF Steelmaking, Vol. 2, Iron Steel Soc. AIME, New York, 1975

122) G.J.W. Kor: Met. Trans. 8B (1977) 1o7/13

123) E.T. Turkdogan: Proc. Int. Conference Physical Chemistry and Steelmaking, Oktober 1978, Versailles. CPS Paris, 1979, S. 215/21

124) P.I. Yugov; A.G. Rulnikova; S.B. Leledeva: Steel USSR 2 (1972) 44o/42

125) A.F. Kuznetsov; P.I. Sham; V.A. Bolshakov: Steel USSR 2 (1972) 516/17

126) P. Nilles; P. Dauby; J. Claes: Proc. Conf. Basic Oxygen Steelmaking, Mai 1978. London. Metals Soc., London, 1979. 6o/72

127) G. Mahn; J. Schoop: Arch. Eisenhüttenwes. 46 (1975) 483/7

128) G.R. Fitterer: Chem. Met. Iron Steel 1973 S. 184/9o

129) Y. Wanibe; Y. Yamauchi; K. Kawai; H. Sakao: Arch. Eisenhüttenwes. 44 (1973) 711/17

13o) F. Bardenheuer; P.-G. Oberhäuser: Arch. Eisenhüttenwes. 42 (1971) 525/32

131) B.A. Burdonov; N.F. Gakhov; V.S. Lobachev; N.P. Kuskov; Y. A. Pak: Steel USSR 4 (1974) 451/53

132) S.G. Afanasev; B.A. Burdonov: Steel USSR 3 (1973) 992/95

133) R. Boom; N. Halberg: Stahl u. Eisen 98 (1978) 1133/38

134) M. Kawakami; K.S. Goto; M. Matsuoka: Met. Trans 11B (198o) 463/69

135) W. Pluschkell: Stahl u. Eisen 99 (1979) 4o4/11

136) G. Bauer; E. Hees; J. Koenitzer; H. Litterscheid: Stahl u. Eisen 98 (1978) 1138/45

137) K. Schäfer: Stahl u. Eisen 99 (1979) 412/2o

138) T. Saeki; T. Nisugi, K. Ishikura; Y. Igaki; T. Hiromoto: Trans. ISIJ 18 (1978) 5o1/o9

139) A.F. Kuznetsov; L.Y. Nazyuta: Steel USSR 6 (1976) 241/43

14o) K.M. Shakirov; R.S. Aizatulov; E.M. Rybalkin: Steel USSR 7 (1977) 326/29

141) K.W. Lange in: Kinetik metallurgischer Vorgänge bei der Stahlherstellung. Düsseldorf. 1972. 359/75

142) G. Bauer; R. Hammer; E. Höffken; J. Metzing; F. Weber; R.A. Weber: Thyssen Techn. Ber. 1o (1978) (2) 7/12

143) L. Yu. Nazyuta; A.F. Kuznetsov: Steel USSR 7 (1977) 378/8o

144) K.W. Lange; H. Rees: Arch. Eisenhüttenwes. 43 (1972) 539/48

145) K.W. Lange; H. Rees: Arch. Eisenhüttenwes. 44 (1973) 813/21

146) V.I. Baptizmanskii; G.A. Shchedrin: Steel USSR 3 (1973) 14/16

147) W. Kleppe; F. Oeters: Arch. Eisenhüttenwes. 48 (1977) 193/97

148) P.J. Kreyger: Stahl u. Eisen 96 (1976) 957/6oo

149) G.N. Kozin; G.G. Matuchno; A.T. Kitaev; G.L. Sapoval; V.I. Tupica: Stal (dt) 8 (1968) 882/84

15o) V.E. Roshchin; O.G. Ivanenko; D.Y. Povolotskii: Steel USSR 8 (1978) 33o/31

151) A.G. Chernyatevich; E.Ya. Zarvin; M.I. Volovich: Steel USSR 5 (1975) 79/81

151a) A. Mitchell: Proc. Int. Conference Physical Chemistry and Steelmaking, Oktober 1978, Versailles. CPS Paris, 1979, S. 93/97

152) S.I. Filippov; O.M. Goncharenko: Steel USSR 5 (1975) 142/44

153) R.V. Starov; V.I. Ganoshenko; V.K. Didkovskii, Y.E. Poludnev; N.N. Nikolaev: Steel USSR 5 (1975) 538/4o

154) E.Y. Zarvin; A.G. Chernyatevich; Y.N. Borisov; M.I. Volovich; R.S. Aizatulov, Y.P. Nikitin: Steel USSR 6 (1976) 659/62

155) M.Y. Medzhibozhskii; L.V. Rebrov; S.M. Grigorenko; A.A. Lykin: Steel USSR 6 (1976) 3o8/1o

156) F.E. Rote; R.A. Flinn: Met. Trans. 3 (1972) 1373/84

157) BOF Steelmaking, Vol. 1, Iron Steel Soc. AIME, New York,1974

158) K. Hagen; P.-G. Oberhäuser: Stahl u. Eisen 89 (1969) 1315/19

159) zitiert in 95)

16o) M. Kitamura; Y. Kanazuka; K. Narita; N. Katagiri: Proc. 3rd Int. Iron & Steel Congress, April 1978, Chicago. Metals Park, Ohio 1979. 89/94; vgl. auch: M. Kitamura; N. Narita; T. Saito: Fachber. Hüttenprax. Metallweiterverarb. 17 (1979) 965/7o

161) W.A. Fischer: Stahl u. Eisen 82 (1962) 797/8o8

162) Y. Takemura; T. Saito; S. Fukuda; K. Kato: Nippon Steel Techn. Rep. (11) (1978) 57/68

163) J. Otto; G. Pateisky; H.-J. Fleischer: Stahl u. Eisen 96 (1976) 939/45

164) R.W. Limes; M.P. Fedock; R.O. Russell: In: McMaster Symposium on Iron and Steelmaking No. 4. Ed. W.-K. Lu. Hamilton 1976

165) S.J. Ajit: Tisco 22 (1975) 119/26

166) T. Emi: Stahl u. Eisen 1oo (198o) 998/1o11

167) M. Ichinoe; S. Yamamoto; Y. Nagano; K. Miyamura; K. Yamaguchi; M. Tezuka: Trans. JSLJ 11 (1971) Suppl. I, 232/35

168) R. Baker: J. Iron Steel Inst. 2o5 (1967) 637/41

169) J.B. See; N.A. Warner: J. Iron Steel Inst. 211 (1973) 44/52

17o) A.A. Travin; S.I. Filippov; M.G. Krasheninnikov: Steel USSR 1 (1971) 291/92

171) R.D. Pehlke; R.H. Radzilowski: Proc. Int. Conference Physical Chemistry and Steelmaking, Oktober 1978, Versailles. CPS Paris, 1979, S. 119/25

172) R.H. Radzilowski; R.D. Pehlke: Met. Trans. 1oB (1979) 341/48

173) V. Brabie: Scand. J. Met. 5 (1976) 185/92

174) V.I. Yavoiskii; A.V. Yavoiskii; A.A. Sigachev; A.S. el Din; K. Sheidig: Steel USSR 8 (1978) 5o2/o4

175) Y.P. Nikitin; E.Y. Zarvin; L.A. Smirnov: Steel USSR 6 (1976) 421/22

176) A.N. Glazov; P.I. Yugov; L.A. Smirnov; Y.N. Borisov; Y.A. Pak: Steel USSR 8 (1978) 497/5o1

177) H. v.Ende; F. Bardenheuer; K. Wünnenberg; E.E. Hofmann: Arch. Eisenhüttenwes. 39 (1968) 177/85

178) K. Kainz; E. Eibl; A. Krausz: Berg.- u. hüttenm. Mh. 115 (197o) 344/53

179) S.I. Filippov; M.G. Krasheninnikov; A.A. Travin: Steel USSR 2 (1972) 527/29

18o) E.W. Mulholland; G.S. Hazeldean; M.W. Davies: J. Iron Steel Inst. 211 (1973) 632/39

181) K.W. Lange; P. Massard: Arch. Eisenhüttenwes. 48 (1977) 367/72

182) A.T. Kolt'sov; V.V. Yakovlev; S.I. Filippov; E.N. Ivashina; G.S. Kolganov: Steel USSR 6 (1976) 192/94

183) L.A. Smirnov; Y.A. Deryabin: Steel USSR 1o (198o) 72/74

184) G. Breuer; G. Trömel; H.J. Engell: Arch. Eisenhüttenwes. 39 (1968) 553/57; vgl. auch G. Breuer: Dr.-Ing.-Dissertation Techn. Univ. Clausthal 1966

185) K. Koch; W. Fix; P. Valentin: Arch. Eisenhüttenwes. 49 (1978) 231/34

186) K.-H. Ulrich; K. Borowski: Arch. Eisenhüttenwes. 39 (1968) 259/63

187) M.W. Davies; G.S.F. Hazeldean; P.N. Smith: Richardson Conf. Proc. (1974) 95/1o7

188) H. Gaye; P.V. Riboud: Met. Trans. 8B (1977) 4o9/15

189) A.K. Dymnich; N.P. Semenov; D.S. Gerchikov; A.V. Paukov; D.S. Khazan: Russ. Metallurg (Metally) (1977) (2) 3o/34

19o) V.B. Okhotskii: Steel USSR 3 (1973) 473/75

191) G.R. Belton: Met. Trans 1oB (1979) 118/2o

192) F.D. Richardson: Proc. Int. Conference Physical Chemistry and Steelmaking. Oktober 1978, Versailles. CPS Paris, 1979, S. 194/97

193) K.W. Lange: Gesetzmäßigkeiten von Teilschritten metallurgischer Prozesse. Kontaktstudium Metallurgie des Eisens Teil II "Stahlerzeugung, Gießen und Erstarren". 26.3.-7.4.1973, TU Clausthal. Vorlesungsmanuskript 4.1

194) S. Okano; J. Matsuno; H. Ooi; K. Tsuruoka; T. Koshikawa; A. Okazaki: Trans ISIJ 11 (1971) Suppl. I, 227/31

195) F.R. Block; A. Masui; G. Stolzenberg: Arch. Eisenhüttenwes. 44 (1973) 357/61

196) K. Koch; W. Fix; P. Valentin: Arch. Eisenhüttenwes. 49 (1978) 1o9/14

197) E.A. Krichevtsov; V.G. Laletin; L.A. Smirnov: Steel USSR 4 (1974) 527/29

198) L.A. Smirnov; Y.N. Borisov; K.G. Nosov; B.N. Katenin; E.A. Krichevtsov; E.Y. Zarvin: Steel USSR 6 (1976) 7o/76

199) H. Kobusch; H. Gruner; A. Pfeiffer: Stahl u. Eisen 9o (197o) 257/63

2oo) J. Jeitz; J. Goedert; R. Pesch: CRM Met. Rep. (1971) (28) 41/49

2o1) W. Resch; D. Nolle; G. Böcher: Stahl u. Eisen 96 (1976) 432/42

2o2) F. Bardenheuer; P.-G. Oberhäuser: Stahl u. Eisen 89 (1969) 988/94

2o3) F. Bardenheuer; H. v.Ende; R. Solmecke: Arch. Eisenhüttenwes.44 (1973) 451/55

2o4) S. Fujii; K. Taguchi; I. Tsuboi; K. Matsui; T. Hasegawa: Nippon Kokan Techn. Rep. Overseas 23 (1977) 1/13

2o5) P. Sellier: Proc. Conf. Basic Oxygen Steelmaking, Mai 1978, London. Metals Soc., London, 1979. 31/33

2o6) P. Dauby; J. Boelens: CRM Met. Rep. (1972) (33) 3/9

2o7) A. Berthet: Rev. Mét. (CIT) 77 (198o) 213/28

2o8) R. Baker; A.S. Normanton; G.D. Spenceley; R. Atkinson: Ironmaking Steelmaking 7 (198o) 227/38

2o9) R. Henrion: Ironmaking Steelmaking 7 (198o) 239/41

21o) G. Denier; J.-C. Grosjean; M. LeMaire; F. Schleimer; R. Henrion; F. Goedert: Iron & Steelmaking (198o) (8) 5/11

211) H. Jacobs; A. Marlot; F. Anselin; M. Dutrieux; J. Claes;P.Dauby; P. Nilles: Stahl u. Eisen 1oo (198o) 1o56/6o

212) S. Anezaki; T. Ueda; M. Taga; K. Yoshida; K. Marukawa: The STB process in BOF steelmaking. Private Mitteilung 198o

213) F. Schleimer; R. Henrion; F. Goedert; G. Denier; J.-C. Grosjean; M. LeMaire: The L.B.E. process. Private Mitteilung 198o

214) G. Denier; H. Gaye: Rev. Mét. 75 (1978) 415/26

215) K.F. Behrens; E. Köhler; K.-D. Unger: Stahl u. Eisen 99 (1979) 13o2/1o

216) H. Gorges; W. Pulvermacher; W. Rubens; H.-A. Dierstein: Stahl u. Eisen 99 (1979) 131o/12

217) K.W. Lange; K. Okohira;.D. Papamantellos; H. Schenck: Arch. Eisenhüttenwes. 42 (1971) 1/4

218) K. Okohira; D. Papamantellos; K.W. Lange, H. Schenck: Arch. Eisenhüttenwes. 42 (1971) 311/17

219) D. Papamantellos; K.W. Lange; K. Okohira; H. Schenck: Arch. Eisenhüttenwes. 42 (1971) 319/23

13. Bildanhang

Bildquellen

Bild 1	= Zitat 1	Bild 29	= Zitat 111	Bild 57	= Zitat 87
2	6	30	116	58	160
3	6	31	116	59	160
4	14	32	119	60	96
5	14	33	121	61	173
6	36	34	125	62	179
7	50	35	126	63	91
8	52	36	115	64	197
9	44	37	127	65	151
10	56	38	130	66	107
11	66	39	127	67	101
12	66	40	131	68	198
13	79	41	132	69	201
14	80	42	132	70	137
15	84	43	135	71	188
16	20	44	105	72	202
17	20	45	106	73	153
18	96	46	106	74	188
19	97	47	139	75	37
20	98	48	143	76	204
21	98	49	107	77	121
22	37	50	152	78	205
23	107	51	107	79	206
24	105	52	153	80	116
25	96	53	37	81	166
26	111	54	154	82	166
27	111	55	155	83	210
28	117	56	87	84	101

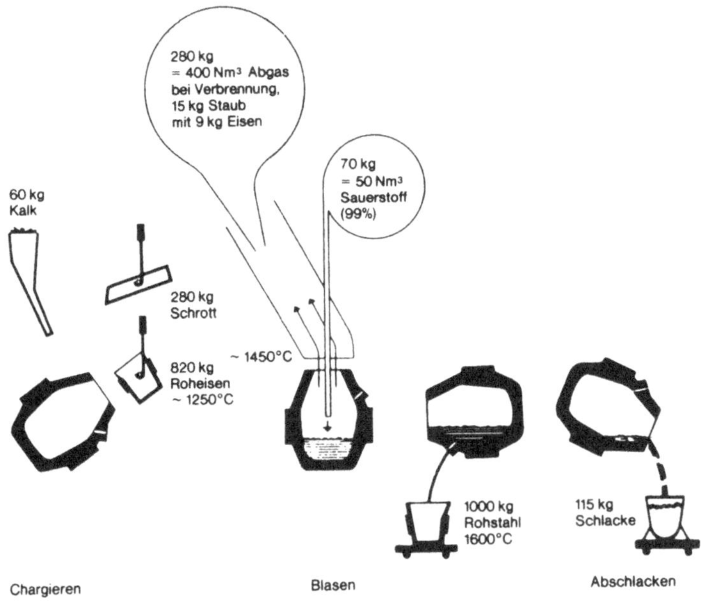

Abb. 1 Stoffbilanz für die Erzeugung von einer Tonne LD-Stahl

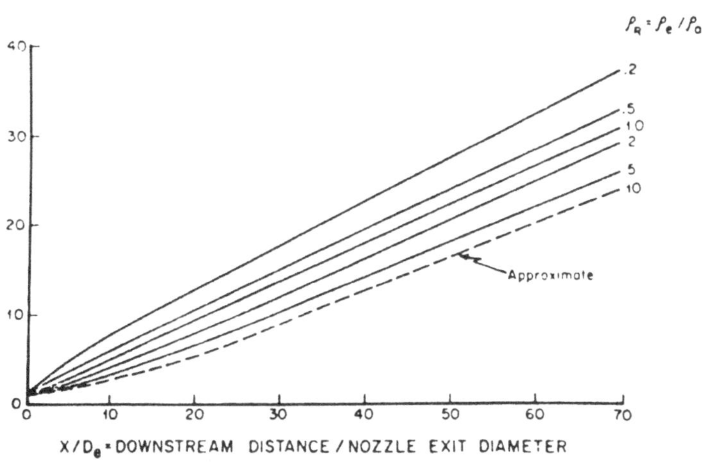

Fig. 2 Variation of Jet Diameter with Axial Distance

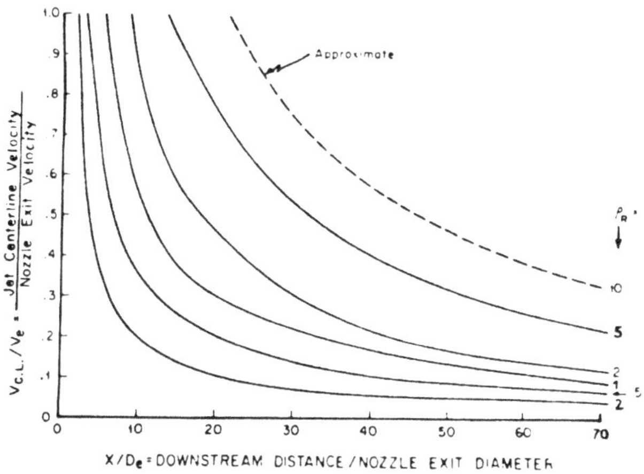

Fig. 3 **Variation of Centerline Velocity with Axial Distance.**

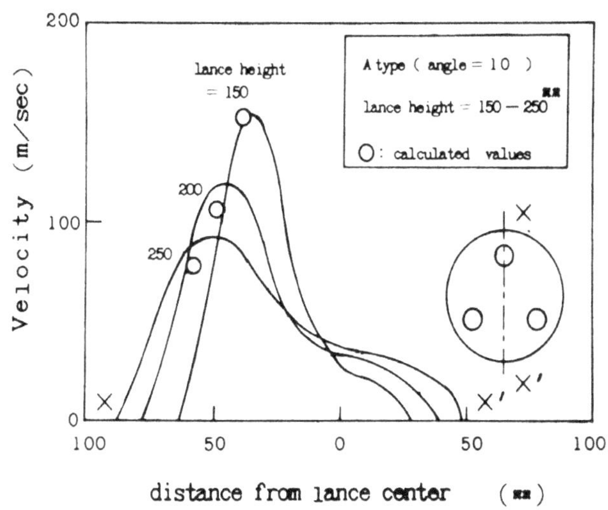

Fig 4 Velocity distribution

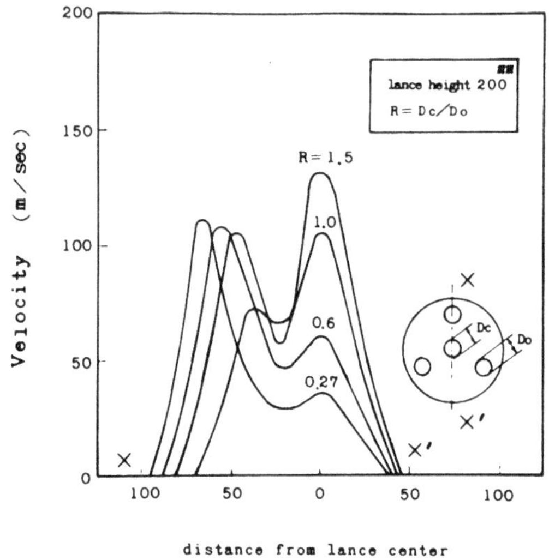

Fig 5 Velocity distribution of C — type nozzle

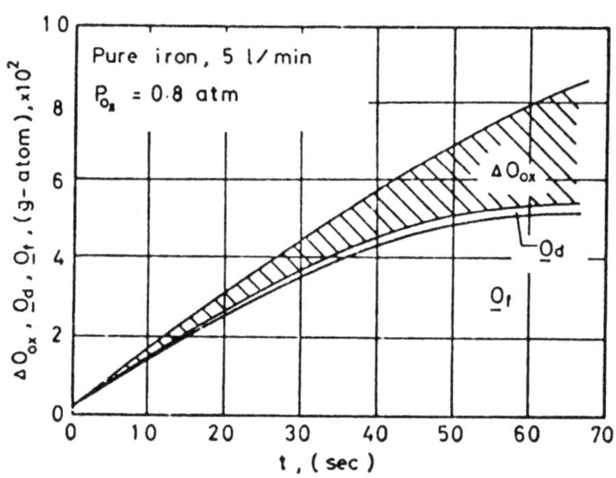

Fig. 6 Behaviours of oxygen accumulated at the gas–metal interface ΔO_{ox}, oxygen absorbed by the dissolution of oxide $\underline{O}_d$ and oxygen absorbed through the oxide free gas–metal interface $\underline{O}_f$. (5 l/min, $P_{O_2}=0.8$ atm)

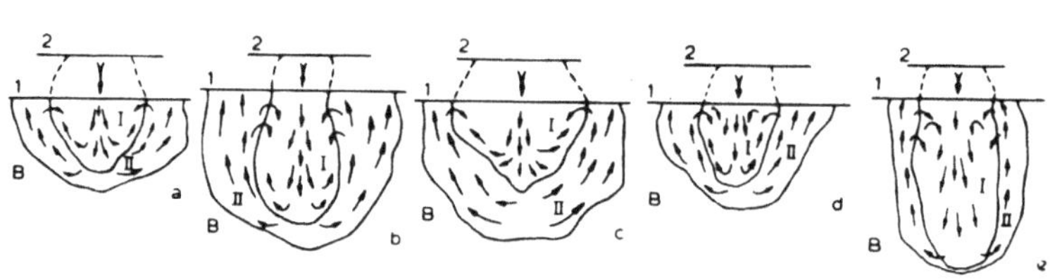

1, *level of metal in a quiescent state;* 2, *level of nozzle supplying oxygen*

7 Diagram of reaction zone (*A*) and flow pattern (*B*) when injecting pig iron (*a*) and steel containing 2% C (*b*), 1% C (*c*), 0.5% C (*d*), and less than 0.1% C (*e*) with oxygen

The
composition of the slag corresponding to the different composition of the blown metal is given below (numerators indicate the range of contents, denominators indicate the average values):

Metal composition	Content in the slag, % FeO	Fe_2O_3	$FeO + Fe_2O_3$
Pig iron	$\frac{67.1-70.5}{68.8}$	$\frac{14.3-14.5}{14.4}$	$\frac{81.6-84.9}{83.3}$
1.5–2.5% C	$\frac{74.3-89.2}{81.8}$	$\frac{8.2-12.6}{10.4}$	$\frac{86.9-98.1}{92.5}$
⩽0.10% C	$\frac{77.3-86.4}{81.9}$	$\frac{12.2-21.1}{16.6}$	$\frac{98.2-98.5}{98.4}$

Metal composition	Content in the slag, % SiO_2	MnO	P_2O_5
Pig iron	$\frac{9.4-9.7}{9.5}$	$\frac{5.3-8.4}{6.9}$	$\frac{0.063-0.175}{0.119}$
1.5–2.5% C	$\frac{0.8-7.8}{4.3}$	$\frac{1.0-5.0}{3.0}$	$\frac{0.048-0.185}{0.117}$
⩽0.10% C	$\frac{0.5-0.7}{0.6}$	$\frac{0.8-1.0}{0.9}$	$\frac{0.049-0.055}{0.052}$

8

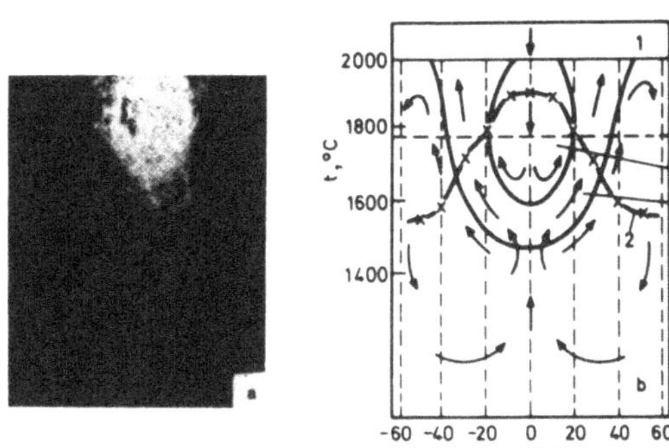

1, *metal level in quiescent state;* 2, *temperature curve for primary/secondary reaction zone interfaces in section* 3; y, *distance from jet axis into bath*

9 **Macrograph of (*a*) reaction zone and (*b*) flow pattern and temperature variation within it with oxygen injection of metal (injection of Fe–C melt ([C] = 3.5%) by single-channel lance with nozzle 1.7 mm dia., oxygen pressure 8 atm, lance position 30 diameters above bath level)**

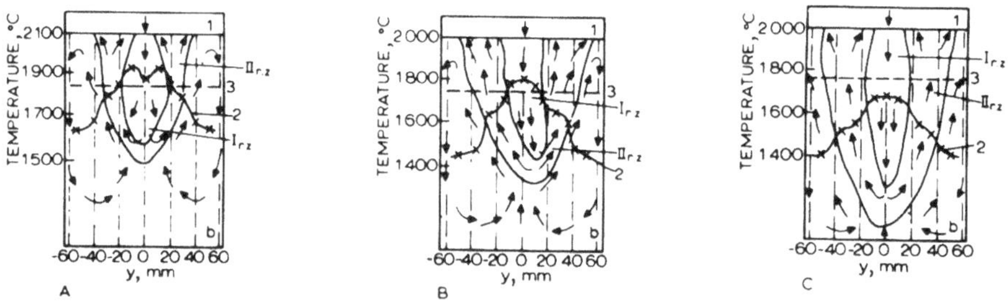

A, 2 kg/m³ iron powder; B, 1 kg/m³ lime; C, 2 kg/m³ iron oxide
1, level of metal in quiescent state; 2, temperature curve plotted to boundary of primary and secondary reaction zones at line 3; y, distance from axis of jet entering melt

10 **Pictures of reaction zone (*a*) with diagrams of flow and temperature distributions (*b*) when injecting metal containing 3.0%C with oxygen plus indicated additions**

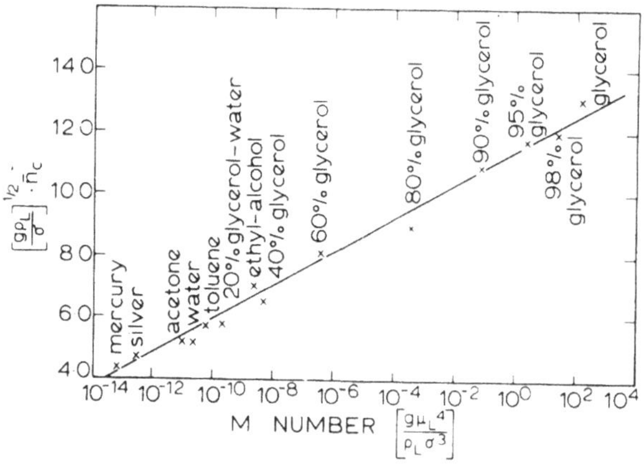

11 **Experimental correlation of dimensionless form of mean critical depth of depression $g\rho_L/\sigma^{\frac{1}{2}}n_c$ with the M number $g\mu_L^4/\rho_L\sigma^3$, from dimensionless analysis, *see* equation (6)**

TABLE 12 Property values of steel and a basic slag at 1550°C

Phase	Density, g/cm³	Surface tension, dyn	Viscosity, *cp*	M number
Steel	7·20	1 200	6·0	$1{\cdot}01 \times 10^{-12}$
Basic slag	3·0	500	50·0	$1{\cdot}64 \times 10^{-7}$

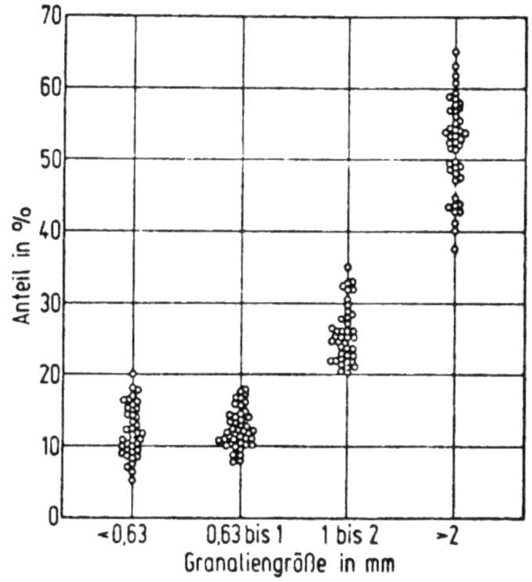

13 Anteile unterschiedlicher Granaliengrößen an der gesamten Granalienmenge

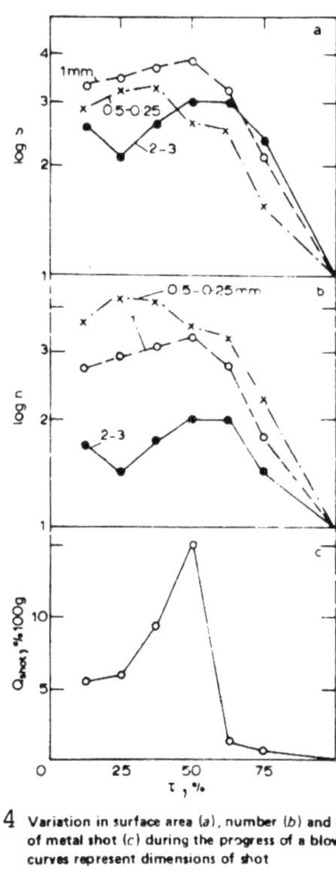

14 Variation in surface area (*a*), number (*b*) and relative quantity of metal shot (*c*) during the progress of a blow. Figures on curves represent dimensions of shot

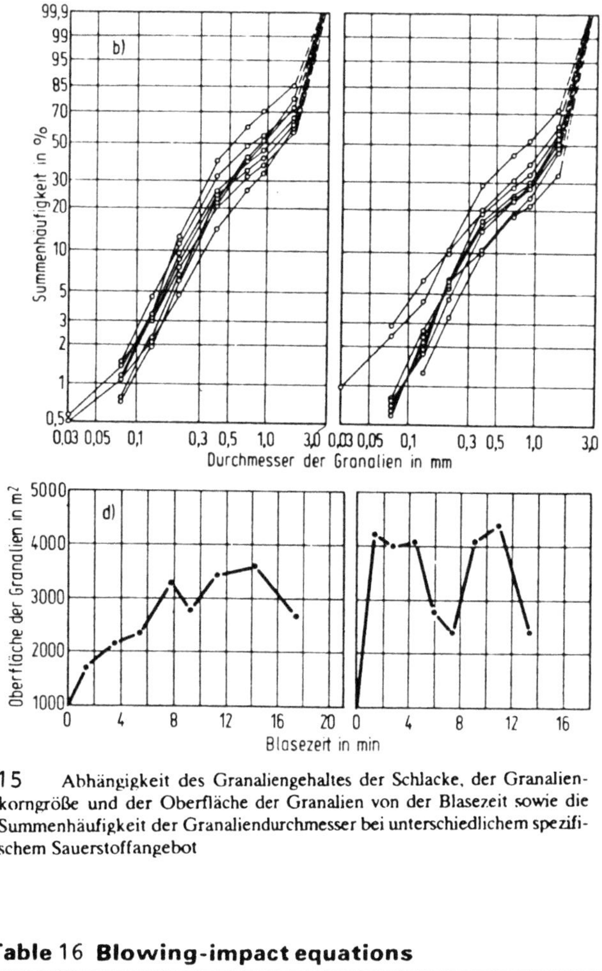

15 Abhängigkeit des Granaliengehaltes der Schlacke, der Granalienkorngröße und der Oberfläche der Granalien von der Blasezeit sowie die Summenhäufigkeit der Granaliendurchmesser bei unterschiedlichem spezifischem Sauerstoffangebot

Table 16 **Blowing-impact equations**

Blowing impact I

$$I = 10^4 F\,(12{\cdot}11p - 9{\cdot}81),\ \mathrm{mkg/s^2} \quad \ldots\ldots \quad (1)$$

where F is the sum of the nozzle areas, m^2, and p is the oxygen pressure in front of the lance, kg/cm^2.

Relationship between oxygen pressure and consumption

$$p = 1{\cdot}2835V \times 10^{-2},\ \mathrm{kg/cm^2} \quad \ldots\ldots \quad (2)$$

where V is the oxygen consumption, Nm^3/min.

Specific blowing impact I_h

$$I_h = 10^4 F(0{\cdot}155V - 9{\cdot}81)/h^2 \quad \ldots\ldots \quad (3)$$

where h is the lance height, m.

Relationship between metal-droplet stream and specific blowing impact

$$M_G = -223{\cdot}067 + 76{\cdot}632 \log I_h,\ \mathrm{t/min} \quad \ldots\ldots \quad (4)$$

where M_G is the rate at which metal droplets are produced, t/min.

Relationship between lance height, oxygen consumption, specific blowing impact, and metal-droplet stream

$$h = \sqrt{\frac{10^4 F\,(0{\cdot}155V - 9{\cdot}81)}{10^{\left(\frac{M_G + 223{\cdot}067}{76{\cdot}632}\right)}}},\ \mathrm{m} \quad \ldots\ldots \quad (5)$$

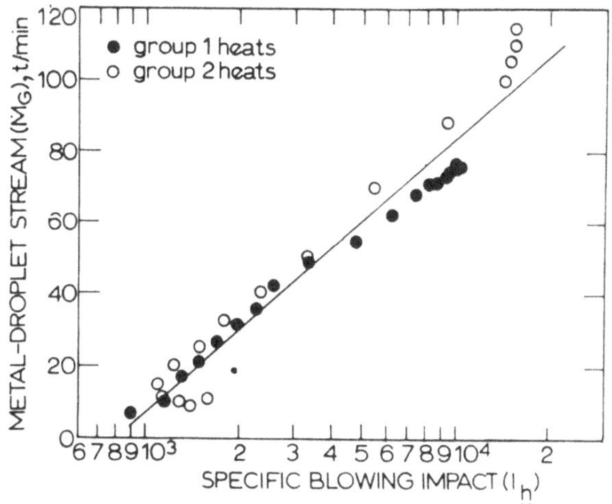

17 **Variation of metal-droplet stream with specific blowing impact**

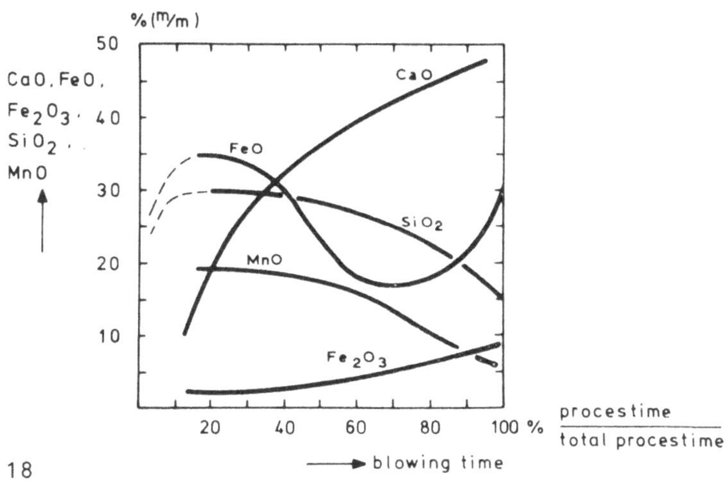

18

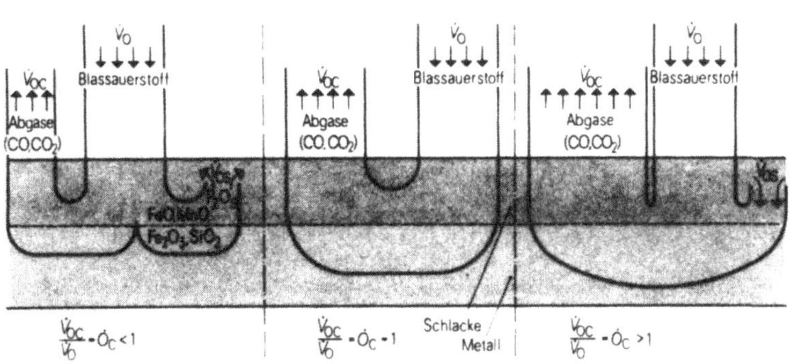

Bild 19
Veranschaulichung der Definition der Sauerstoffverteilung $\dot{O}_C$

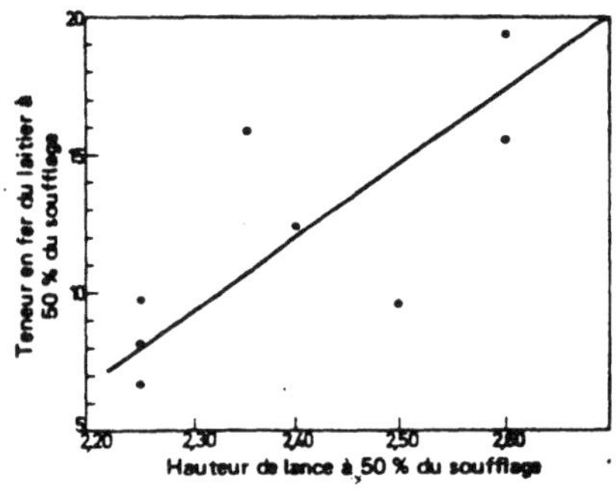

Fig. 20 Influence de la hauteur de lance sur la teneur en fer du laitier à 50 % du temps de soufflage.

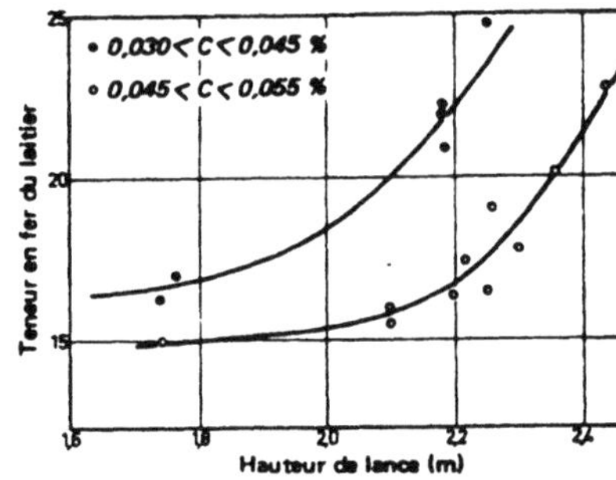

Fig. 21 Influence de la hauteur moyenne de la lance pendant les deux dernières minutes sur la teneur en fer finale du laitier.

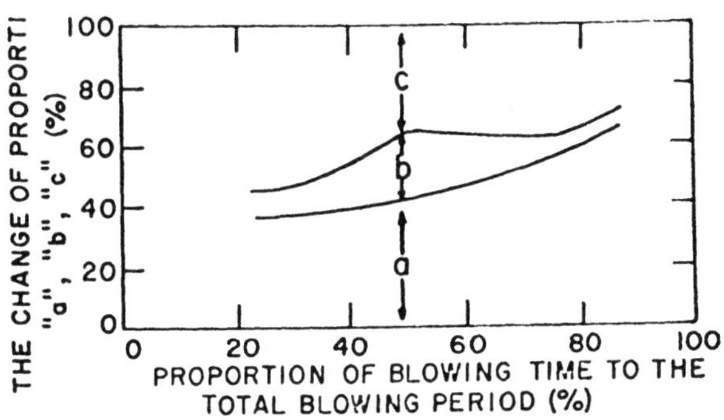

22 THE CHANGE OF PROPORTIONS "a", "b", AND "c" AS A FUNCTION OF BLOWING TIME IN 50 TON BOF.

"a" = THE PROPORTION OF LIME IN SOLUBLE STATE IN LIQUID SLAG.

"b" = THE PROPORTION OF LIME IN UNDISSOLVED AND DISPERSED STATE IN LIQUID SLAG.

"c" = THE PROPORTION OF THE REMAINING LIME. UNDISSOLVED AND UNDISPERSED IN LIQUID SLAG

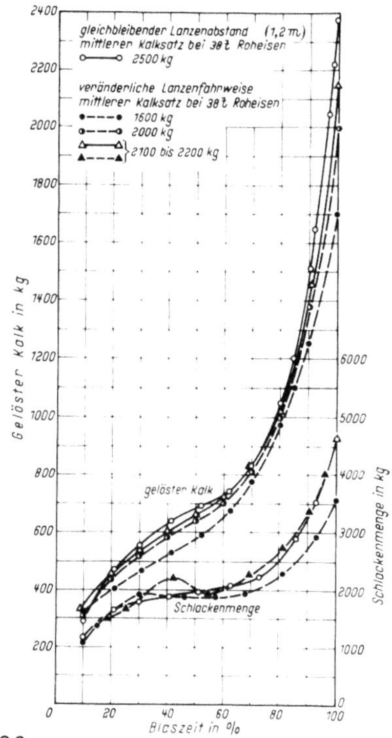

23 Kalkauflosung und Schlackenmengen in Abhängigkeit von der Blaszeit fur Schmelzen ohne Restschlacke

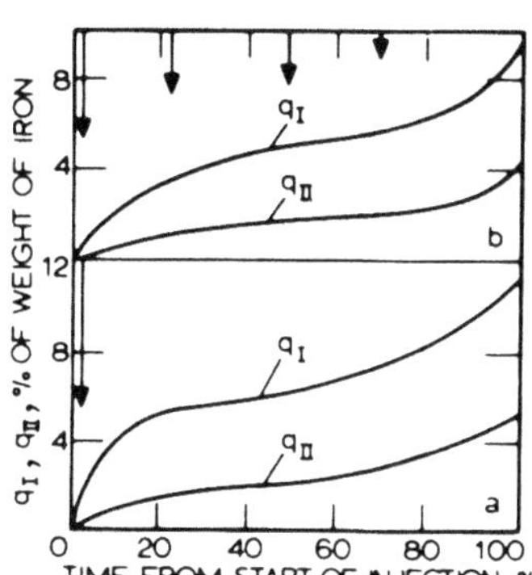

24 **Variation in quantity of molten slag phase (q_I) and amount of lime dissolved in slag (q_{II}) during progress of heats which were cooled with ore (*a* = average data for 30 heats) and with scrap (*b* = average data for 30 heats). Arrows show additions of bath additions**

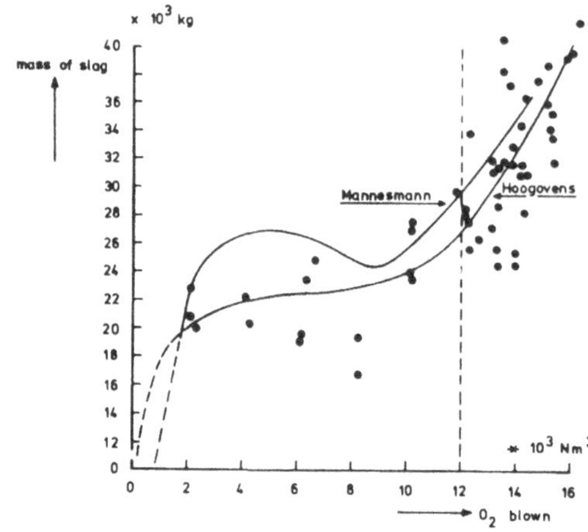

Figure 25 Evolution of Slag Composition and Weight During the Blow

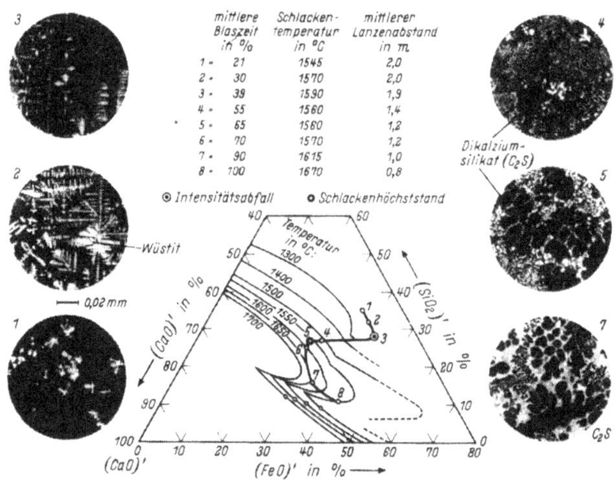

26 Änderung des Schlackengefüges in Abhängigkeit vom Konzentrationsverlauf im System (CaO)'–(SiO₂)'–(FeO)' bei Schmelzen ohne Restschlacke; Ausgangslanzenabstand 2,5 m; Arbeitsweise mit verändertem Lanzenabstand; Badendtemperatur 1600 bis 1650 °C

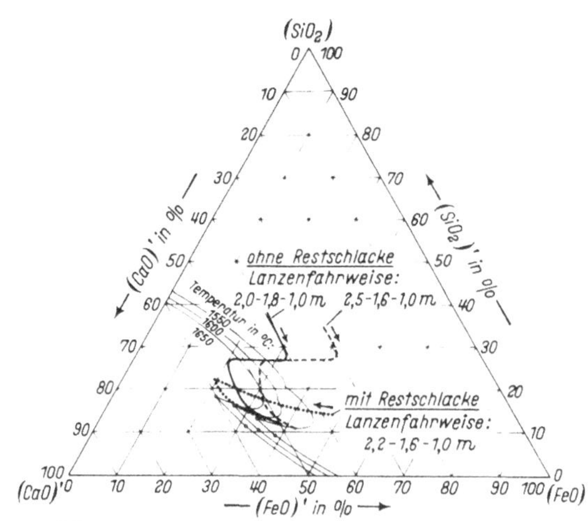

27 Konzentrationswege von „LD"-Schlacken im System (CaO)'–(SiO₂)'–(FeO)'

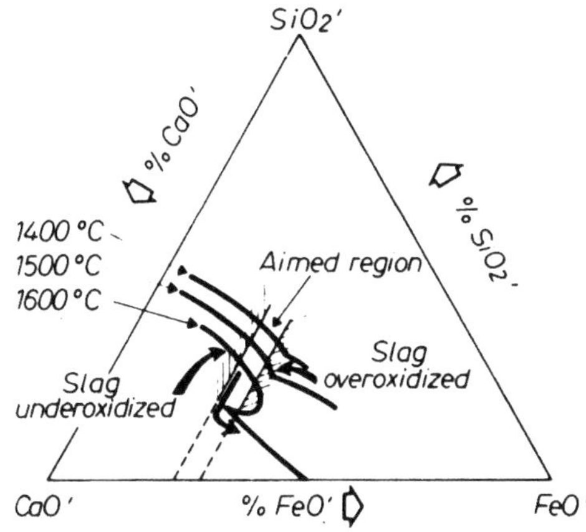

FIG. 28 Diagram illustrating the set point values for a standard evolution of slag in the ternary CaO'-SiO$_2$'-FeO' diagram.

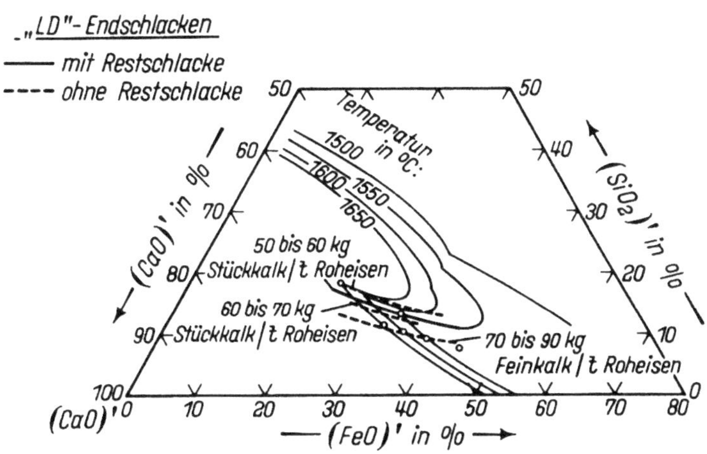

Bild 29 Endschlacken im System (CaO)'–(SiO$_2$)'–(FeO)' in Abhängigkeit vom Kalksatz

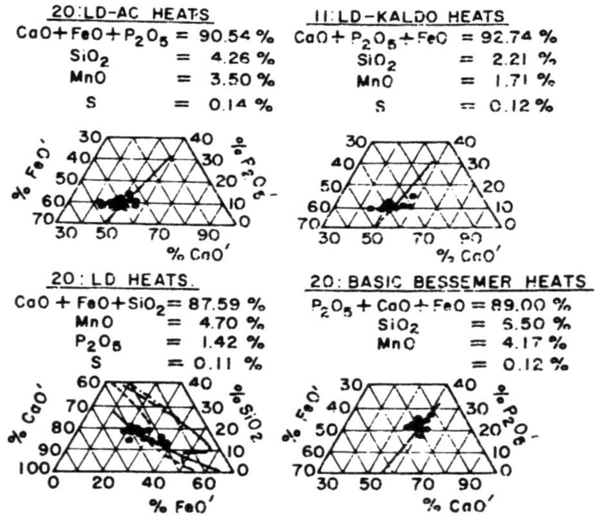

Saturation Lines for LD–AC, LD–KALDO and Basic Bessemer processes defined by Decker. Saturation lines for the LD–process defined by —— Vom Ende (1962) ---- Vom Ende (1966) — — Trömel and Görl (1963) —·— Görl and Oeters (1966)

Fig. 30 Slag compositions at turndown for the various processes.

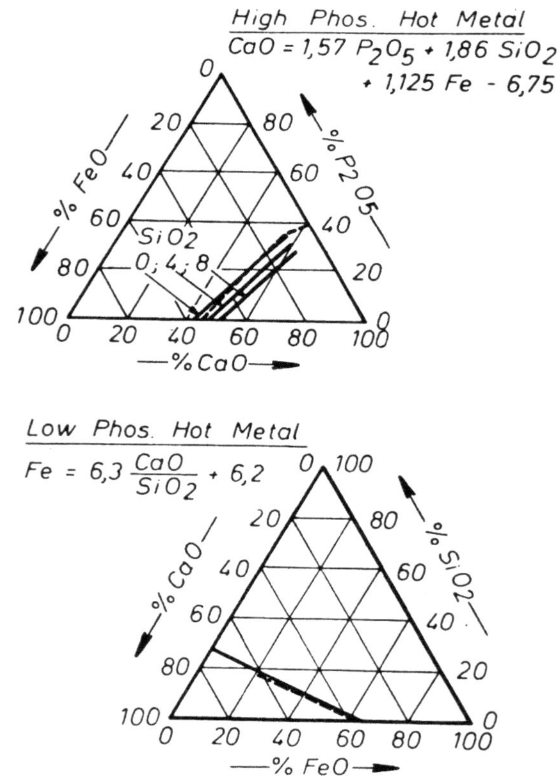

Fig 31: Equations (——) used to represent the lime saturation lines (– – – –).

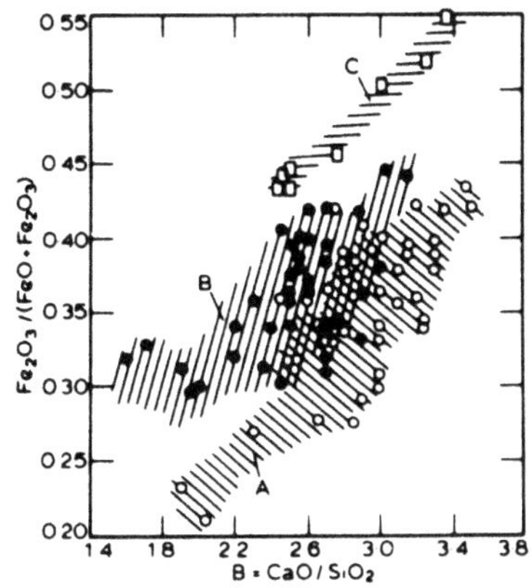

A, normal conduct of process; B, addition of iron ore before end of blow; C, addition of iron ore and fluorspar before termination of blow

32 **Effect of slag basicity on the ratio $Fe_2O_3/(FeO + Fe_2O_3)$**

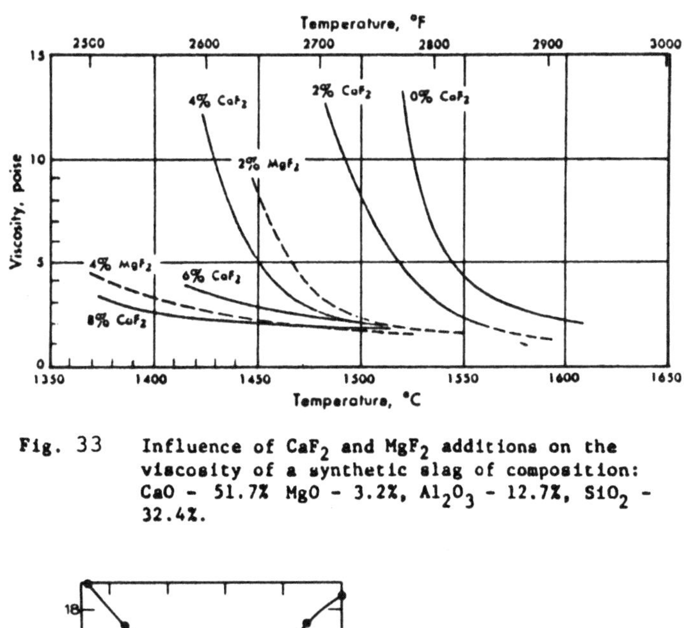

Fig. 33 Influence of CaF_2 and MgF_2 additions on the viscosity of a synthetic slag of composition: CaO - 51.7% MgO - 3.2%, Al_2O_3 - 12.7%, SiO_2 - 32.4%.

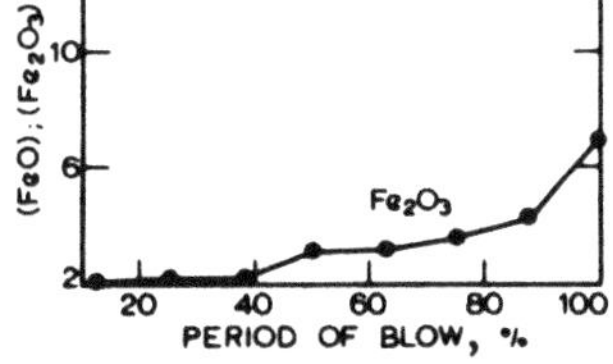

34 **Variation in FeO and Fe_2O_3 contents of slag during progress of a blow**

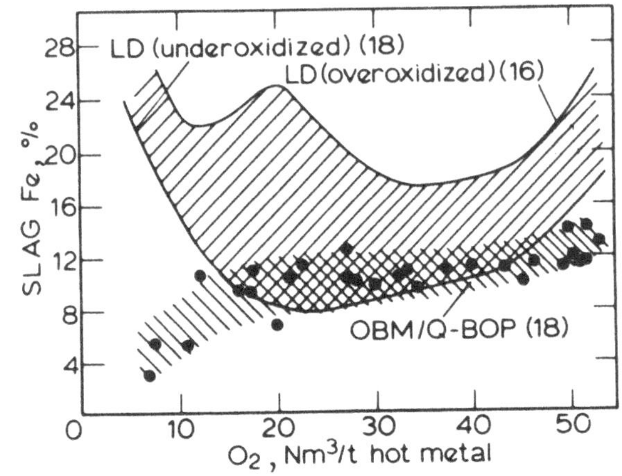

35 **Top and bottom blowing processes, low P hot metal: evolution of the slag iron content**

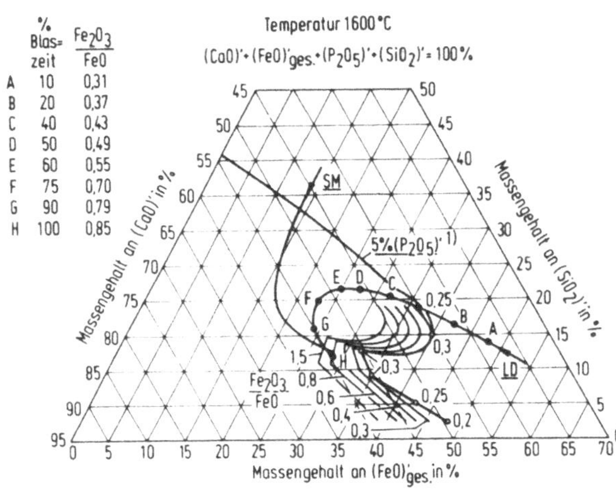

36 Mittlere Konzentrationswege der SM- und LD-Schlacken

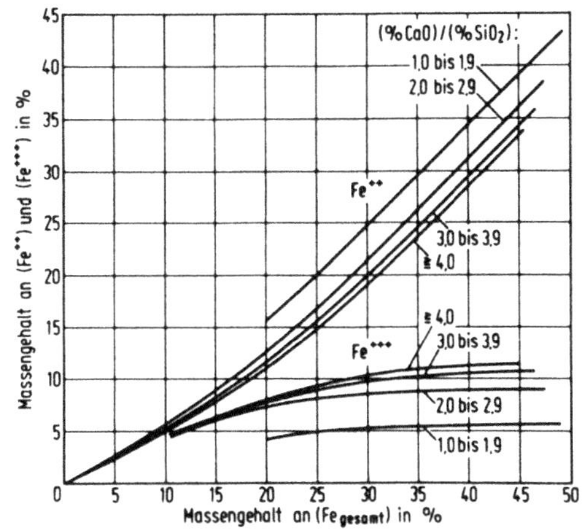

37 Fe^{++}- und Fe^{+++}-Gehalte der Schlacke in Abhängigkeit vom Gesamteisengehalt der Schlacke bei unterschiedlichen Basizitäten der Schlacke

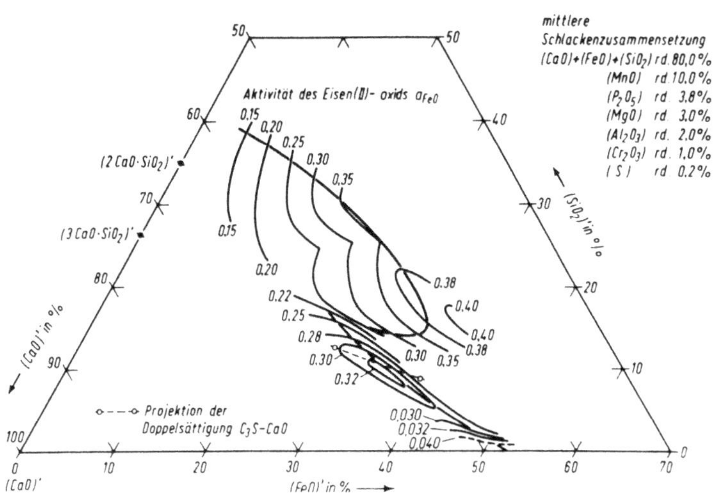

38 Linien gleicher Eisen(II)-oxidaktivität im System (CaO)'–(SiO₂)'–(FeO)', (1620 °C)

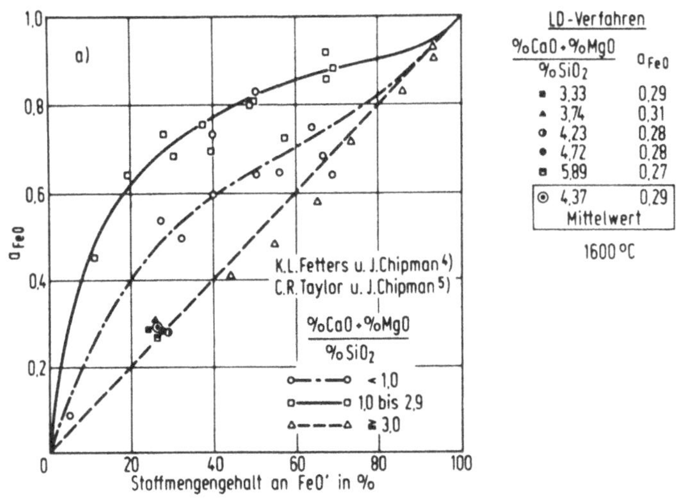

39 Aktivität des FeO in Abhängigkeit von der molaren Schlakkenzusammensetzung bei verschiedenen Basizitäten der Schlacke

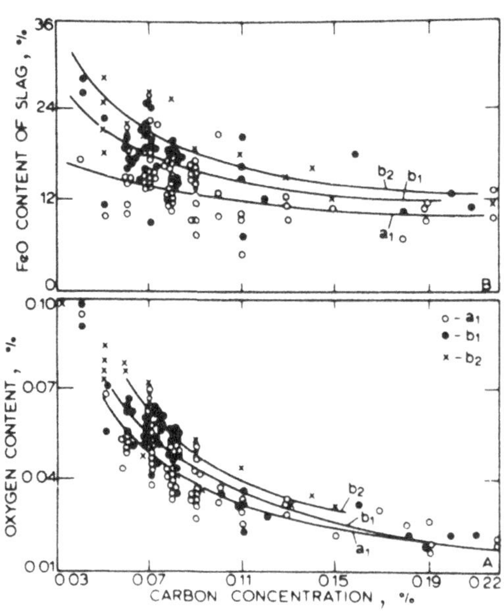

a_1, after end of blow; b_1 and b_2, after one and two reblows

40 **Effect of reblows on the oxidation of metal (*A*) and slag (*B*)**

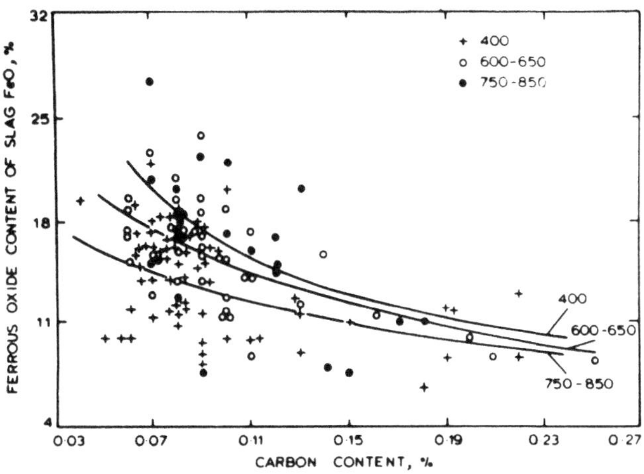

41 **Relationship between ferrous oxide content of slag and concentration of carbon in metal for various rates of blowing**

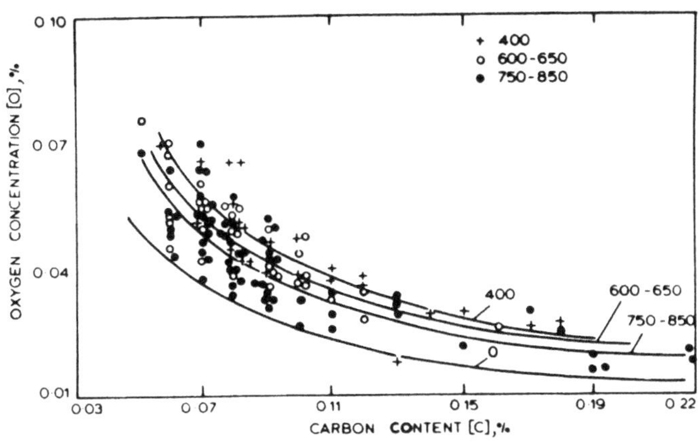

42 **Effect of increasing the rate of injection (figures on curves and conventional designations of symbols refer to m^3/min) on oxidation of metal in a 250 t vessel (0, equilibrium curves [C] · [O] = 0.0025)**

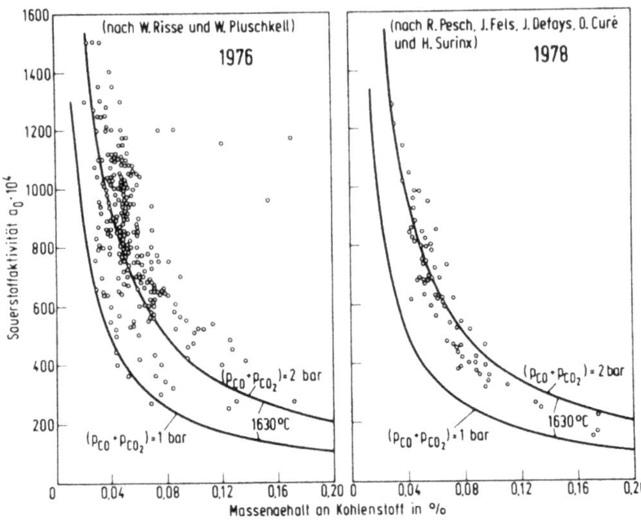

43 Elektrochemische Sauerstoffmessungen in LD-Konverterschmelzen [nach W. Risse und W. Pluschkell sowie R. Pesch u. a.]

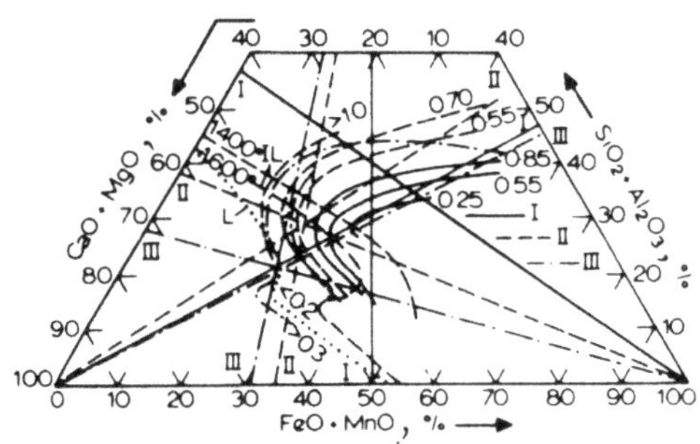

44 **Lines of constant values of viscosity of slags (figures on curves are poises or 10 N · s/m²) for typical temperatures relating to various periods in heats *I–III* , isotherms of liquidus (IL) according to reference data[9,10] and line of slag saturation by dicalcium or tricalcium silicate (L) or by calcium oxide at 1650°C according to data published by G. Vom Ende *et al.*[11] *I, II*, and *III* are sections of diagram referring to one of periods of heat**

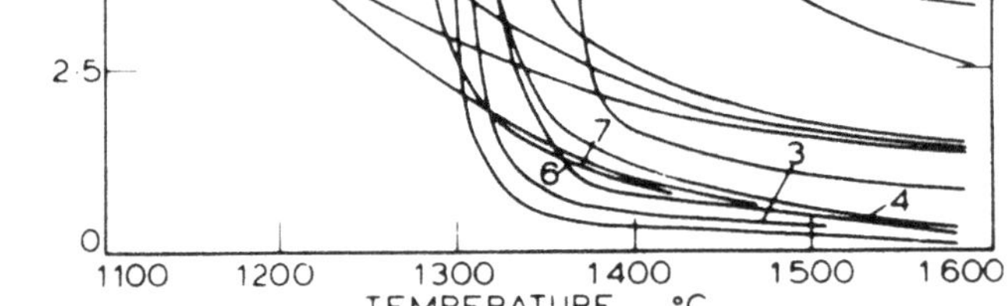

45 **Effect of temperature on viscosity of slags investigated.**

Number of slag	CaO	SiO_2	$\Sigma FeO = FeO + Fe_2O_3$	MnO	η_{1500}
	Components of slag				
1	16.41	48.45	3.45	31.60	3.75
2	15.80	48.60	22.34	13.70	1.65
3	50.31	18.01	4.08	27.59	0.40
4	50.56	18.23	22.80	8.49	0.55
5	15.43	36.35	4.07	43.28	0.55
6	14.85	18.80	22.51	43.35	0.40
7	53.65	35.60	3.37	7.36	0.55
8	50.82	18.38	24.10	6.68	0.20
9	37.69	15.08	1.48	45.71	1.75
10	21.81	15.45	18.86	43.89	1.05
11	41.30	48.70	3.37	7.00	3.45
12	21.50	48.80	22.44	6.50	1.60

46

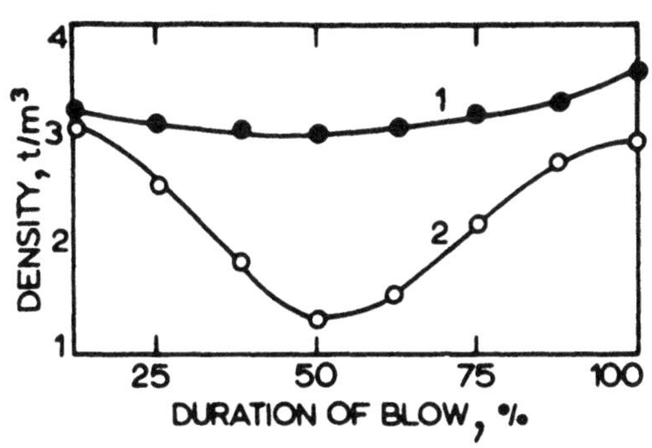

47 **Variation in density of slag (*1*) and slag emulsion (*2*) during blow**

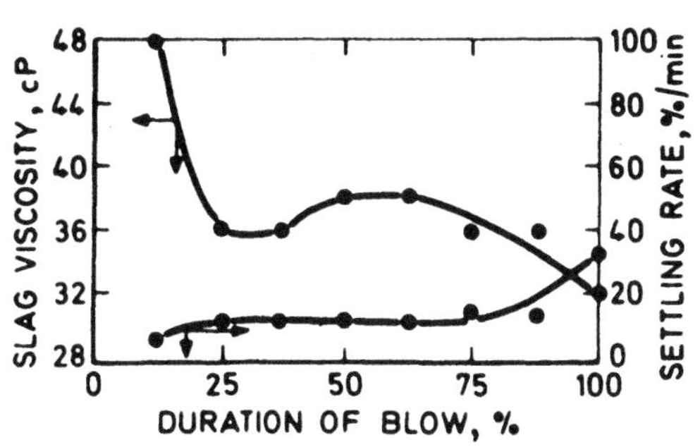

48 **Variation in slag viscosity and rate of settling of drop of metal during blowing**

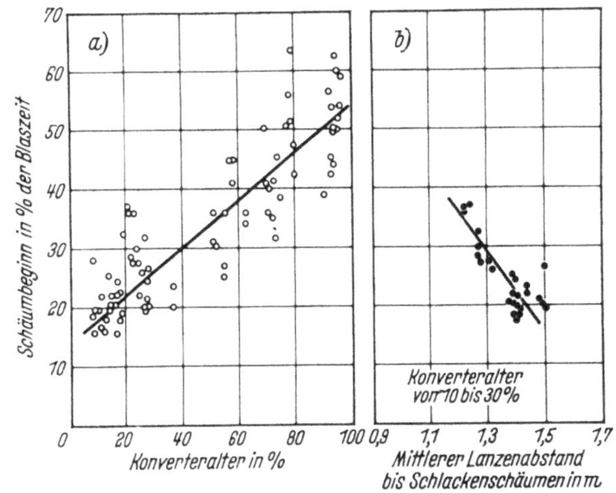

49 a und b. Schäumbeginn in Abhängigkeit vom Konverteralter und Lanzenabstand für Schmelzen ohne Restschlacke

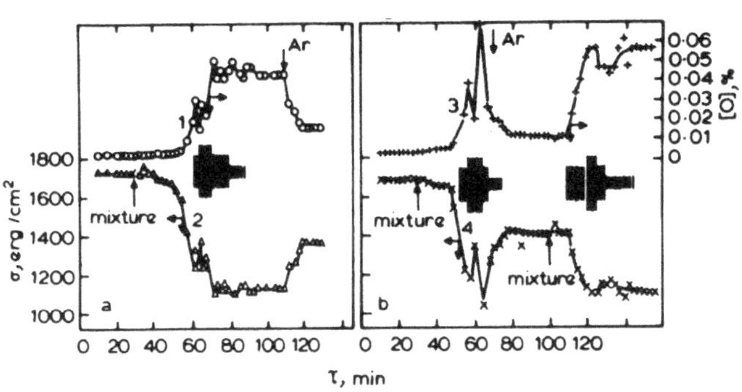

a, 0.62% C and 0.002% O_2 with w_{O_2} = 15 ml/min and t = 1550° C;
b, 0.55% C and 0.0022% O_2 with w_{O_2} = 10 ml/min and t = 1550° C;
1, 3, carbon content and amount of surface oxidation of the metal;
2, 4, change in σ with time

50 **Change in surface state parameters and amount of surface oxidation during the decarburization of iron melts with initial metal contents (given above)**

	Temperaturkurven				
	Schlacke		Stahlbad		
	1	2	3	4	5
Restschlacke	mit	ohne	ohne	ohne	ohne
Mittlere Blaszeit in min . . .	19,6	19,0	20,0	20,9	20,2
Lanzenabstand	veränderlich		unverändert	veränderlich	
Beginn des Schlackenschäumens bei % Blaszeit .	16	39	~32	—	—
Erniedrigung der Lanzenhöhe bei % Blaszeit	29	48	—	23	28
Schlackenhöchststand bei % Blaszeit	37	57	—	—	—
Kalksplitt (* 200 kg Kalk) -zugabe ab % Blaszeit	*37	57	43	26	29
Schlackenzusammenfall bei % Blaszeit	72	78	—	—	—
Erzzugabe (Pellets) ab % Blaszeit	—	—	—	—	77
Soll-Temperatur in °C	—	—	1645	1645	1600

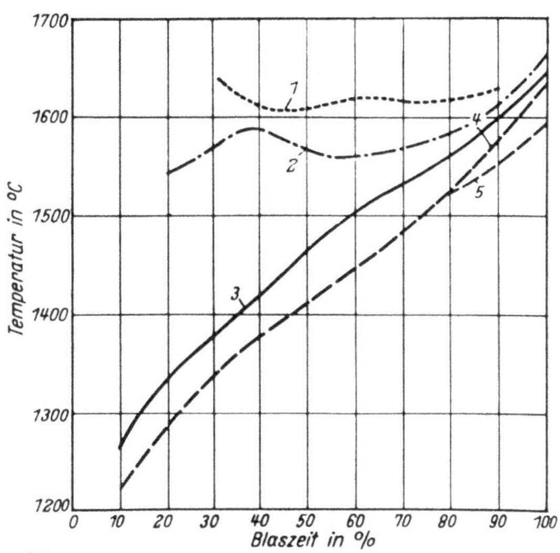

51 Stahl- und Schlackentemperaturen im Verlaufe der Blaszeit

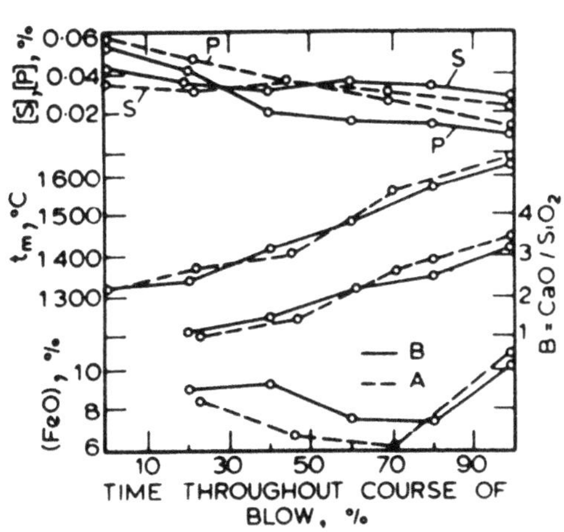

52 **Variation in some metal and slag parameters during the progress of a blow with controlled (*A*) and constant (*B*) rate**

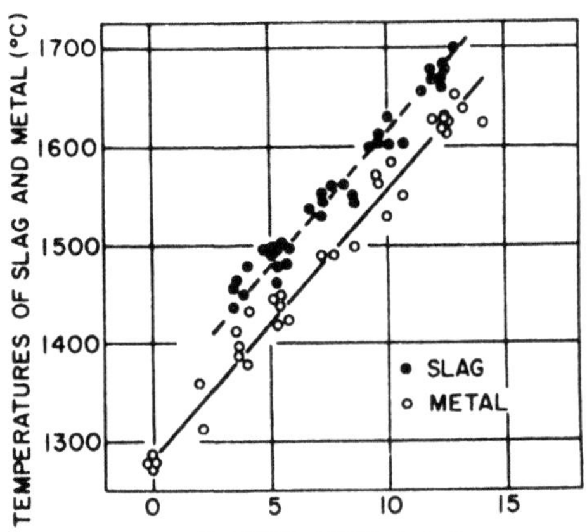

53 THE TEMPERATURES OF SLAG AND METAL AS A FUNCTION OF BLOWING TIME.

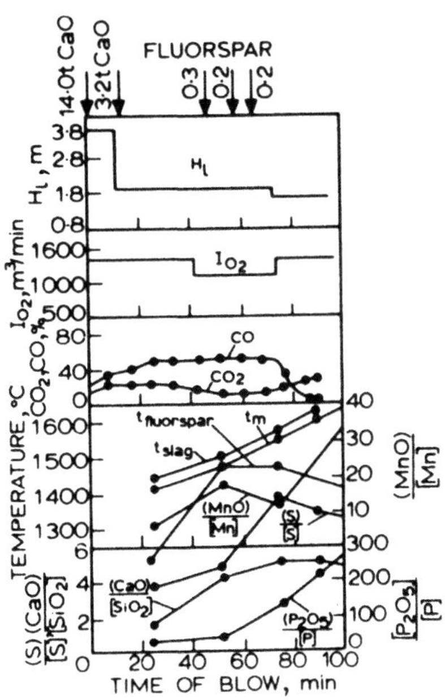

54 Variation in main technological parameters of the blow for heat no. 551431

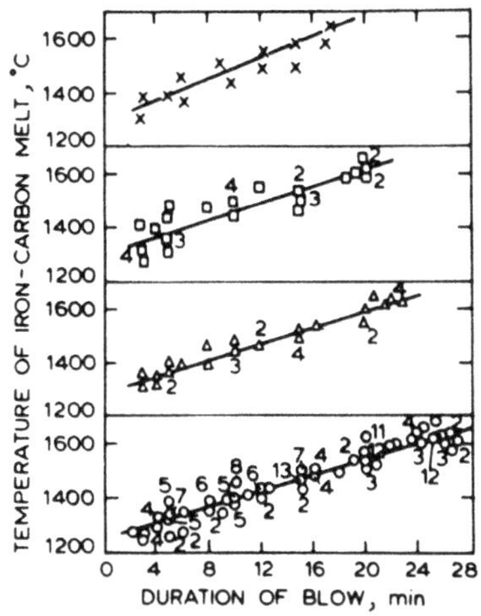

○, 2.0; △, 2.6; □, 2.9; X, 3.4. *Lines correspond to regression equations for groups of heats 1–4; figures at data points are number of heats*

55 **Variation in temperature of iron-carbon melt during the progress of a heat with various blowing rates, $m^3/(t \cdot min)$**

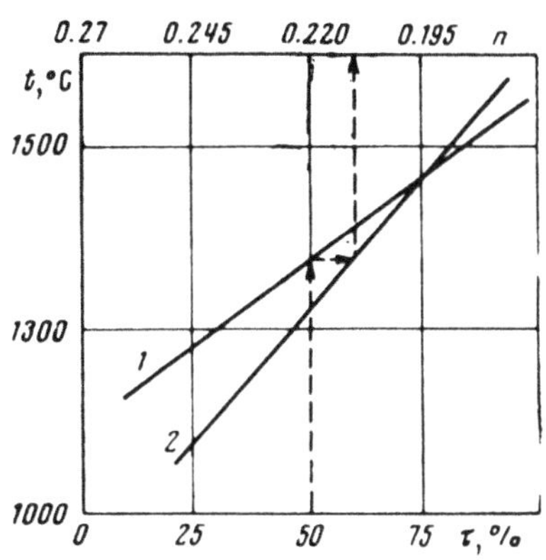

56 Fraction of Reactive CO at Different Stages of the Blow: 1 - Variation in Slag Temperature during the Blow; 2 - Influence of Temperature on the Reactivity of CO.

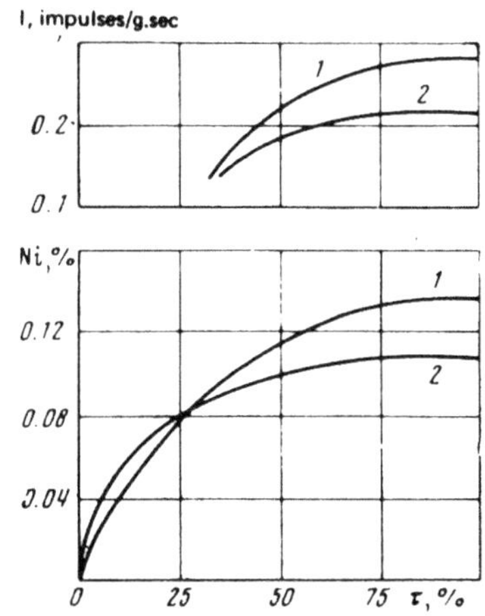

Fig. 57 Variation in the Nickel and Co^{60} Concentrations in the Metal (1) and Buttons (2) during the Blow; I - Radioactivity of Cobalt.

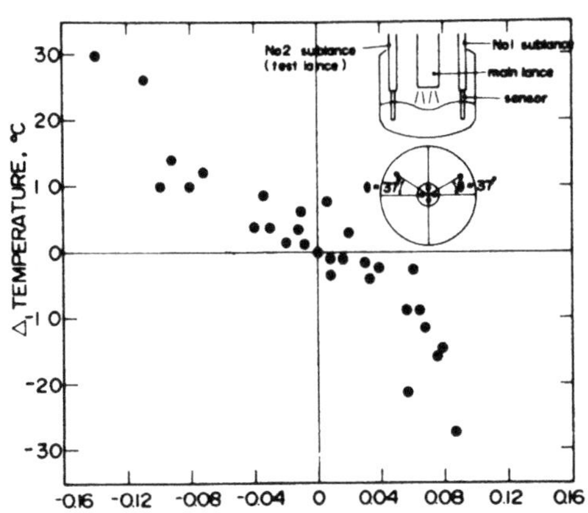

(Δ: NO1 SUBLANCE MEASURED VALUES—NO2 SUBLANCE MEASURED VALUES)

Fig. 58 Difference of carbon content and temperature by simultaneous measurement availing two sub-lances.

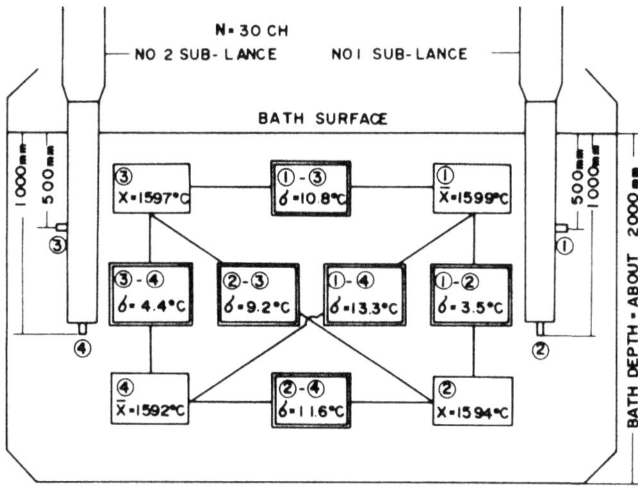

Fig.59 Temperature difference at two depths in the bath.

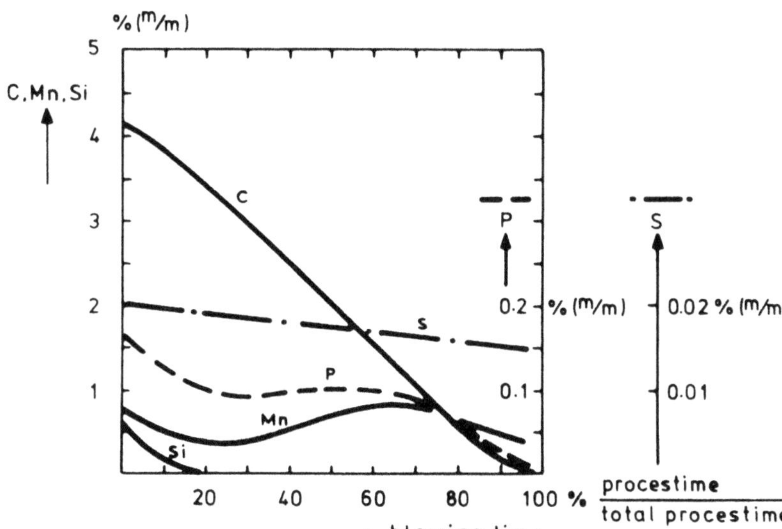

60

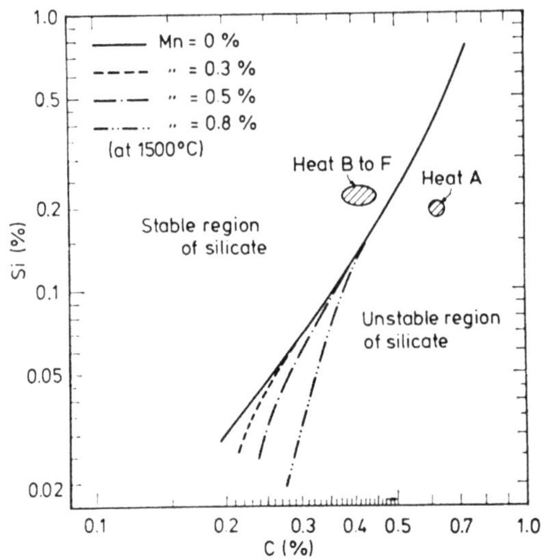

61 **Equilibrium relation of C–Si–Mn system [11].**

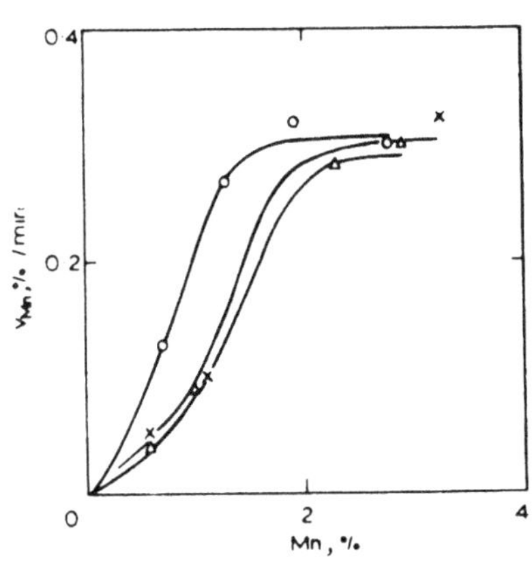

62 Variation in rate of manganese oxidation from Fe—C—Mn melts with different manganese contents in melt

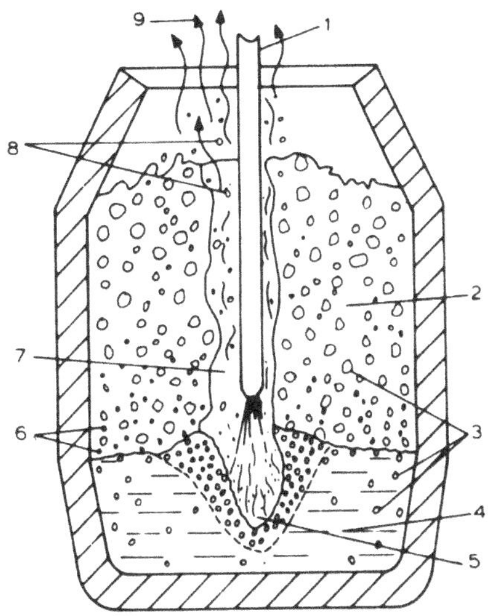

1, lance; 2, gas-slag-metal emulsion; 3, CO bubbles; 4, metal bath; 5, products of the combustion of volumes of metal entrained into the oxygen jet; 6, metal droplets; 7, emergence of stream of carbon monoxide from reaction zone; 8, spray of metal entrained into carbon monoxide stream emerging from reaction zone; 9, brown smoke

63 **Diagram of injection of a vessel bath in the presence of a gas-slag-metal emulsion**

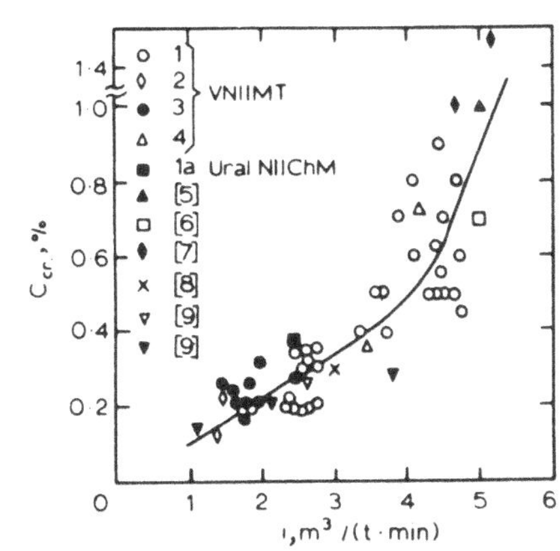

1 and 1a, 4-nozzle lance, 100 t vessel and data from VNIIMT and UralNIIChM; 2 and 3, 1- and 3- nozzle lances, 100 t vessel; 4, 4-nozzle lance, 250 t vessel; [5] – [9], reference sources

64 **Relationship between critical concentration of carbon in bath $C_{cr.}$ and rate of oxygen injection *i***

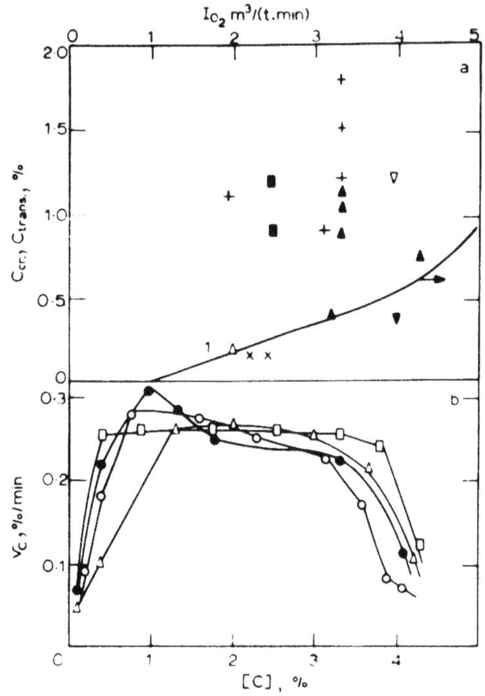

△, ●, □, ○, heats in a 60 kg vessel with $I_{O_2} = 3.3\ m^3/(t \cdot min)$; + and ▲, $[C]_{trans.}$ and $[C]_{cr.}$, data obtained by authors; ■ and X, $[C]_{trans.}$ and $[C]_{cr.}$, according to previously published data;[7] ▽ and ▼, $[C]_{trans.}$ and $[C]_{cr.}$, according to previously published data;[8]
65 *generalized relationship between $[C]_{cr.}$ and I_{O_2} from a previous publication[9]*

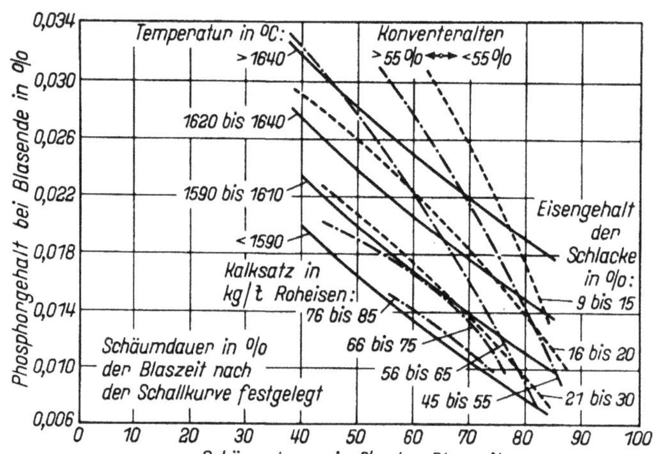

66 Abhängigkeit des Phosphorgehaltes von der Schäumdauer bei Schmelzen ohne Restschlacke

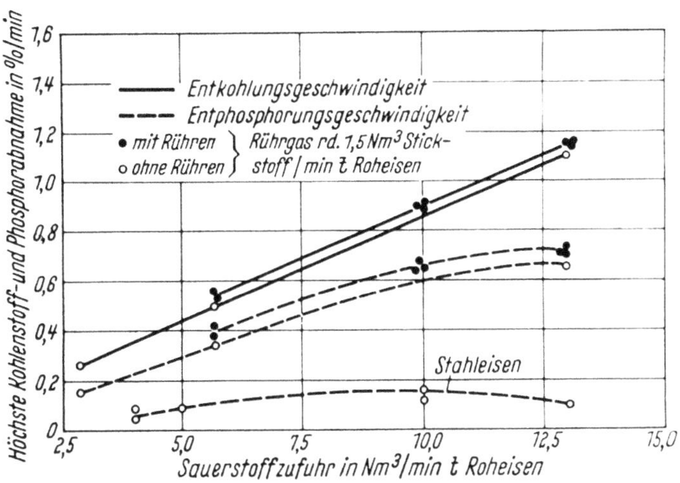

67 Steigerung der Entkohlungs- und Entphosphorungsgeschwindigkeit durch steigende Sauerstoffangebote

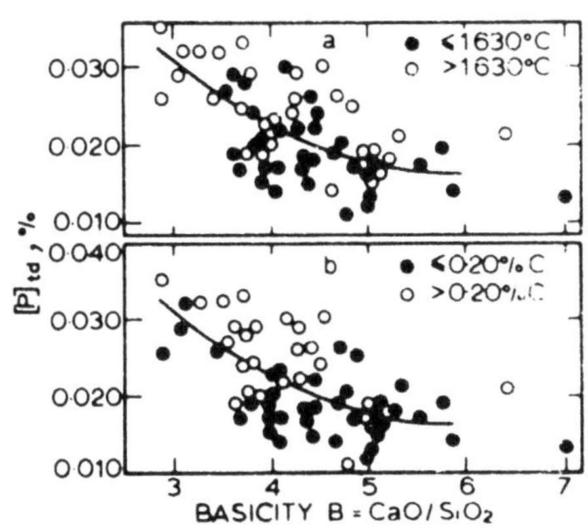

68 **Effect of slag basicity $B = CaO/SiO_2$ on phosphorus content of metal $[P]_{td}$ after blowing at the rate of 800–900 m^3/min in heats with different tapping temperatures (*a*) and with different carbon contents (*b*)**

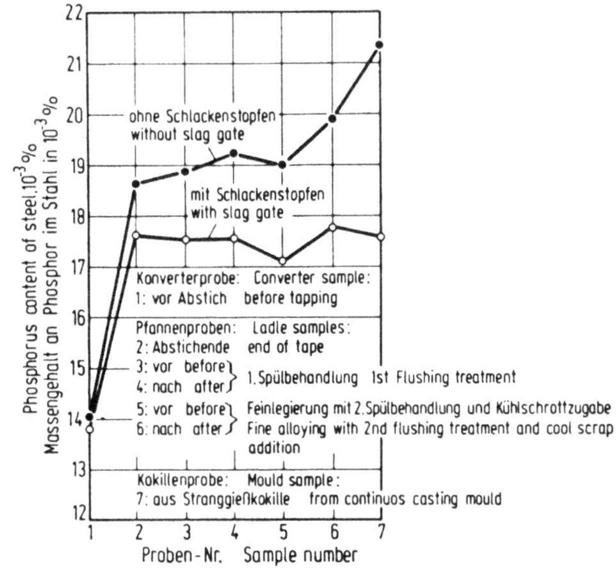

69 **Einfluß mitlaufender Konverterschlacke auf die Rückphosphorung des Stahls**

Arbeitsweise für die Schlackentrennung bei Konverterabstich	Schlacken- Vorlauf	Mitlauf	Nachlauf
1. ohne Zurückhalten der Schlacke 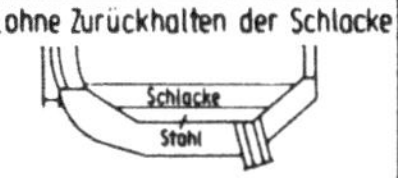	rd. 10 bis 20%	50 bis 80%	10 bis 30%
2. Verschließen des Abstichloches 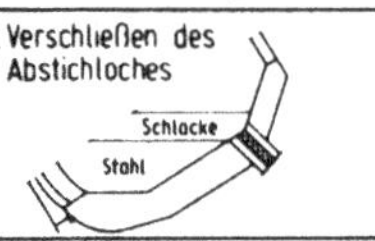	nein	ja	ja
3. Arbeiten mit Reststahl 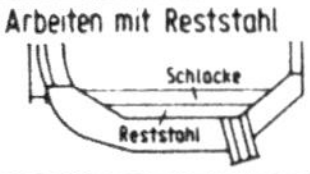	ja	gering	gering
4. Schwimmkegel 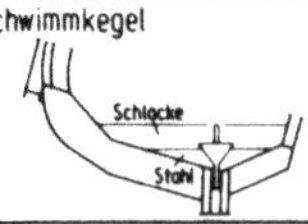	ja	nein	nein
5. Arbeiten mit trockener Schlacke (hartes Blasen; Absteifen) 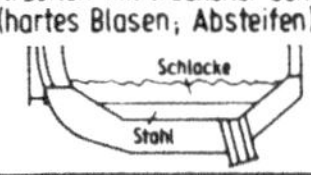	nein	nein	nein
6. Schiebeverschluß 	nein	gering	nein

70 Arbeitsweisen für die Schlackentrennung beim Abstich von Sauerstoffblaskonvertern

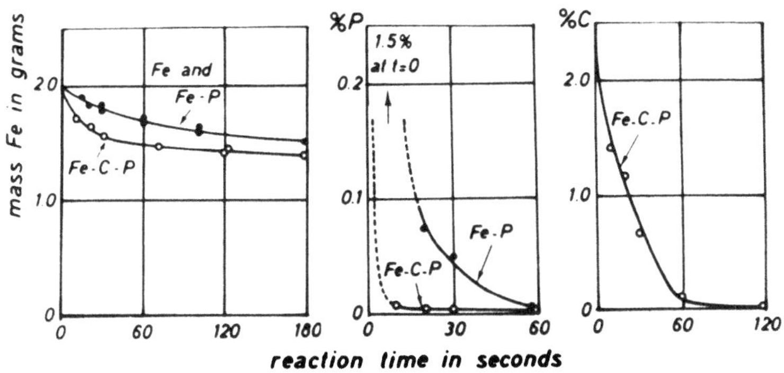

71 —Oxidation kinetics for iron base alloy drops. The three diagrams show the variation with reaction time of, respectively, the Fe weight, P and C contents of the metal droplet.

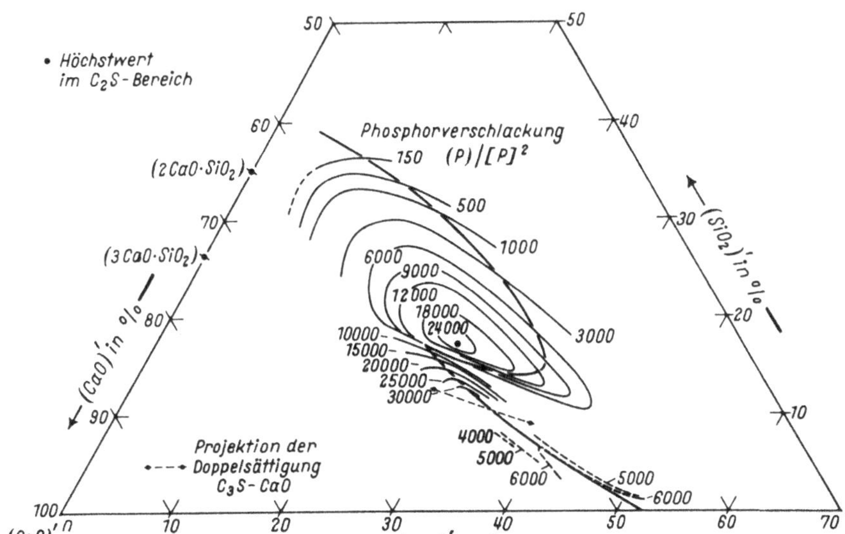

72 Linien gleicher Phosphorverschlackung im System $(CaO)'$–$(SiO_2)'$–$(FeO)'$ bei 1620 °C
Mittlere Schlackenzusammensetzung: $(CaO) + (SiO_2) + (FeO)$ rd. 80 %; rd. 10 % (MnO); rd. 3,8 % (P_2O_5); rd. 3 % (MgO); rd. 2 % (Al_2O_3); rd. 1 % (Cr_2O_3); rd. 0,2 % (S)

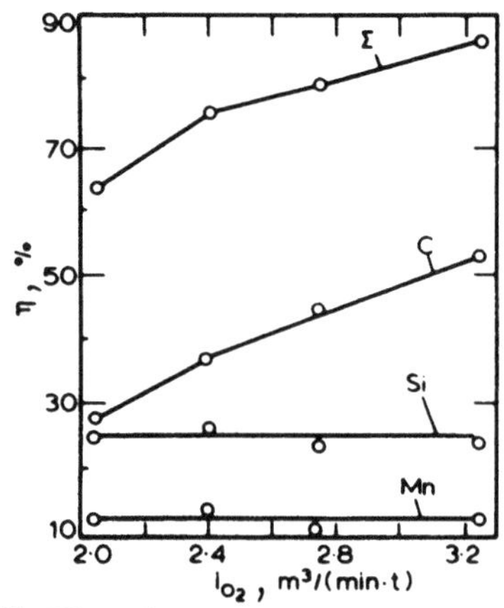

73 **Effect of blowing rate i_{O_2} on extent to which oxygen is utilized η during the first 4 min for oxidizing manganese, silicon, carbon, and all the elements enumerated (Σ)**

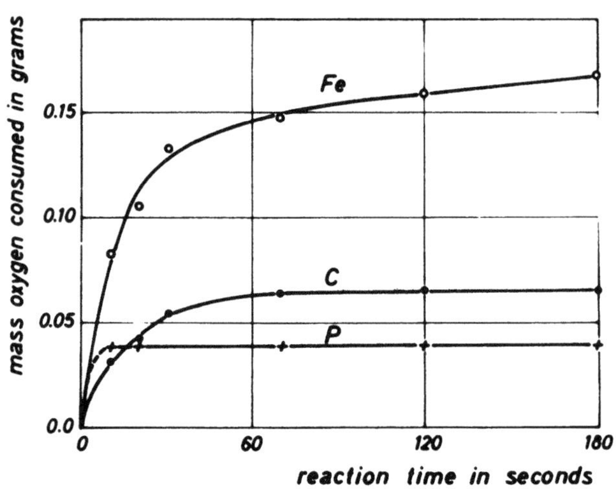

74 —Oxygen consumption by iron, carbon and phosphorus during the oxidation of Fe-C-P alloy drops.

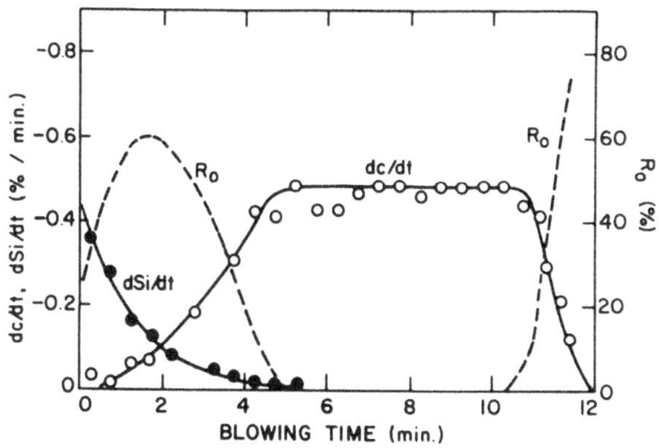

75 DECARBURIZATION RATE, SILICON REMOVAL RATE AND R_o VALUE AS A FUNCTION OF BLOWING TIME.
R_o = THE PERCENTAGE OF OXYGEN CONSUMED BY THE OXIDATION REACTIONS EXCEPT FOR [C] AND [Si].

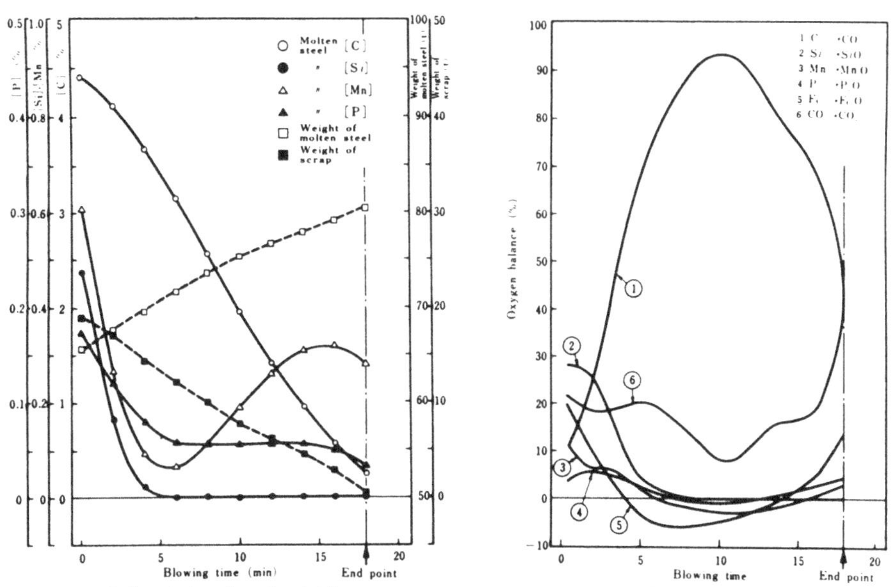

76 *Changes in material balance in a converter*

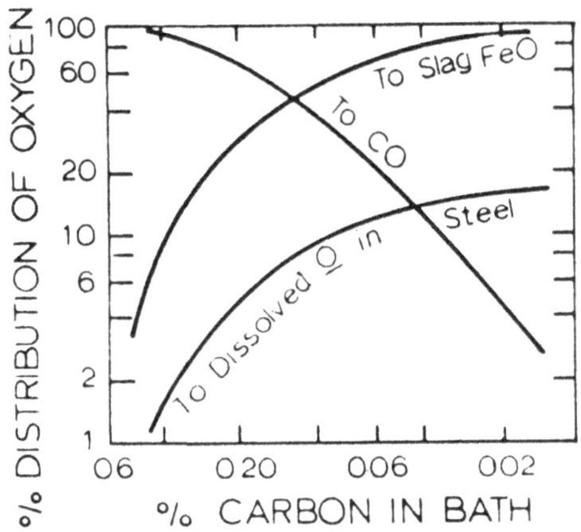

Fig. 77 Distribution of oxygen between steel, slag, and decarburization near the end of the blow. Estimated for 150 lbs. slag per ton of steel.

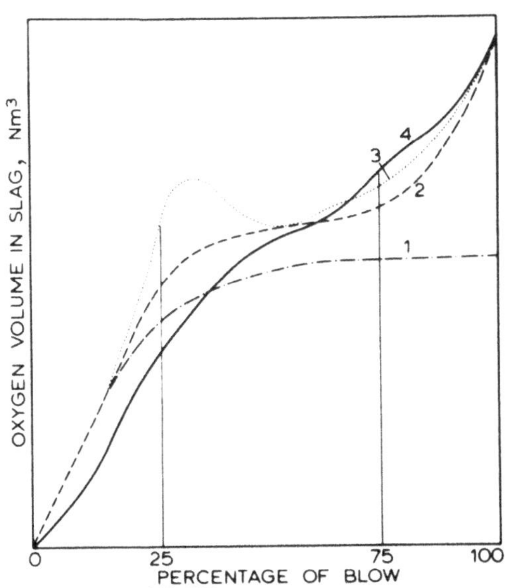

1 oxygen volume for Si, Mn, P, oxidation; 2 oxygen volume in slag, normal heat; 3 oxygen volume in slag, slopping heat; 4 oxygen volume in slag, splashing heat

78 **Oxymetry slag oxidation graph**

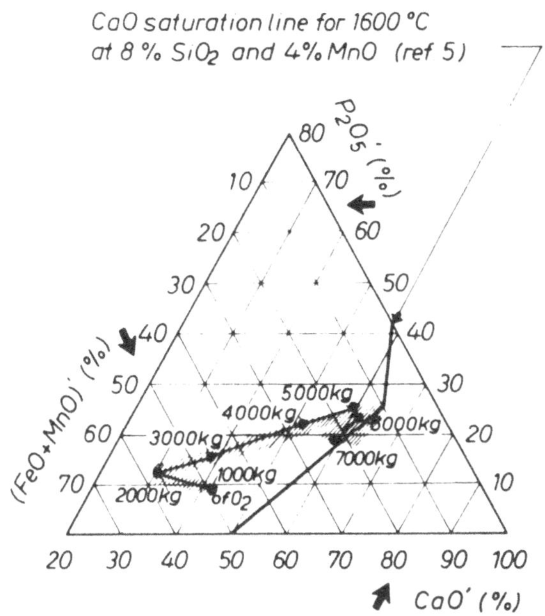

79 Evolution of the composition of the slag as a function of the weight of combined oxygen in it (POSC).

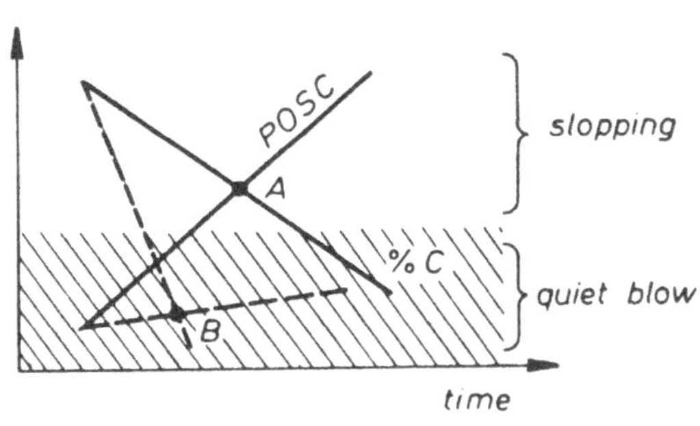

POSC : weight of oxygen combined in the slag
%C : Carbon content of the bath.

Fig. 80 : Sketch diagram showing the combined evolution of POSC and %C required for a quiet blow.

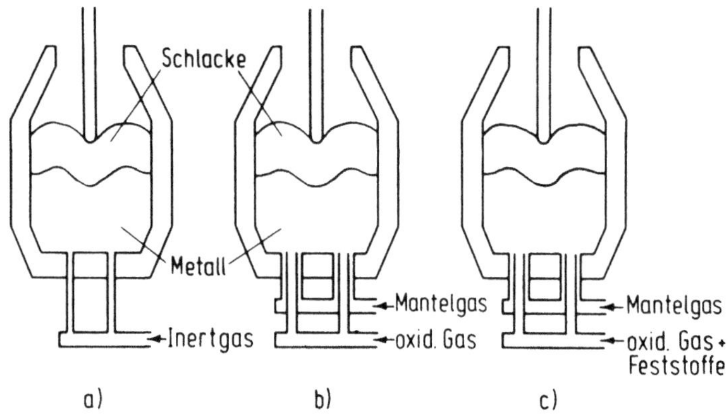

Bild 81 LD-Verfahren mit Argonspülen (a), kombiniertes Blasen ohne Einblasen von Zuschlägen (b) und mit Einblasen von Zuschlägen (c)

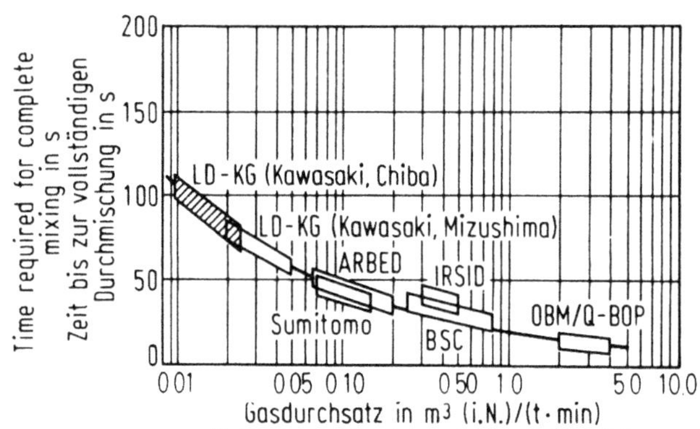

Bild 82 Einfluß des Gasdurchsatzes am Boden auf die Durchmischung der Schmelze

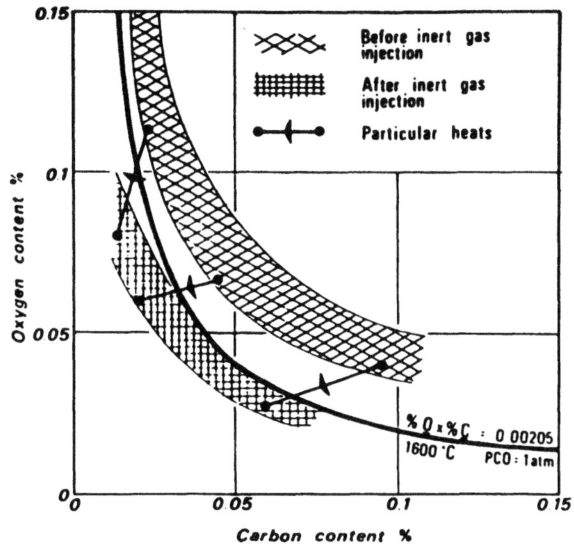

Fig. 83 **Effect of inert gas injection on the carbon and oxygen contents of the metal. (USINOR-Denain Works-65 t LD converter)**

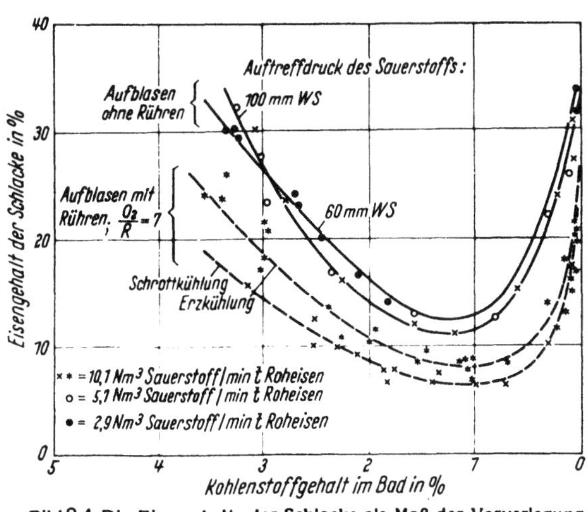

Bild 84 Die Eisengehalte der Schlacke als Maß der Vorverlegung der Entphosphorung

FORSCHUNGSBERICHTE
des Landes Nordrhein-Westfalen

Herausgegeben vom Minister für Wissenschaft und Forschung

Die „Forschungsberichte des Landes Nordrhein-Westfalen" sind in zwölf Fachgruppen gegliedert:

Geisteswissenschaften
Wirtschafts- und Sozialwissenschaften
Mathematik / Informatik
Physik / Chemie / Biologie
Medizin
Umwelt / Verkehr
Bau / Steine / Erden
Bergbau / Energie
Elektrotechnik / Optik
Maschinenbau / Verfahrenstechnik
Hüttenwesen / Werkstoffkunde
Textilforschung

WESTDEUTSCHER VERLAG
5090 Leverkusen 3 · Postfach 30 06 20

GPSR Compliance

The European Union's (EU) General Product Safety Regulation (GPSR) is a set of rules that requires consumer products to be safe and our obligations to ensure this.

If you have any concerns about our products, you can contact us on ProductSafety@springernature.com

In case Publisher is established outside the EU, the EU authorized representative is:

Springer Nature Customer Service Center GmbH
Europaplatz 3
69115 Heidelberg, Germany

Batch number: 10584556

Printed by Printforce, the Netherlands